Python

数据分析
和业务应用实战

广告投放➕产品运营➕商业分析

周景阳　叶鹏飞（@旭鹏）◎编著

中国铁道出版社有限公司
CHINA RAILWAY PUBLISHING HOUSE CO., LTD.

内 容 简 介

本书内容以技术知识与业务实战相结合，同时全书穿插多个实战项目，从而帮助读者更好地理解数据分析技术在业务上的应用。前半部分为技术章节，主要围绕 Python 语言的编程方法展开，其中包括数据录入、数据可视化、数值计算、办公自动化等内容；后半部分为业务章节，主要围绕不同业务场景的分析方法展开，其中包括广告投放、电商运营、用户画像、商品画像、商业分析等内容。

本书主要面向电商数据分析师和电商运营人员，也适合对技术感兴趣的产品经理。

图书在版编目（CIP）数据

Python 数据分析和业务应用实战：广告投放、产品运营、商业分析 / 周景阳，叶鹏飞编著. —北京：中国铁道出版社有限公司，2023.6

ISBN 978-7-113-30016-6

Ⅰ .① P⋯ Ⅱ . ①周⋯ ②叶⋯ Ⅲ .①软件工具 –程序设计 Ⅳ. ① TP311.561

中国国家版本馆 CIP 数据核字（2023）第 035810 号

书　名：Python 数据分析和业务应用实战——广告投放、产品运营、商业分析
Python SHUJU FENXI HE YEWU YINGYONG SHIZHAN——GUANGGAO TOUFANG CHANPIN YUNYING SHANGYE FENXI

作　者：周景阳　叶鹏飞

责任编辑：张　丹　　　读者热线：（010）51873028　　　电子邮箱：232262382@qq.com
封面设计：宿　萌
责任校对：刘　畅
责任印制：赵星辰

出版发行：中国铁道出版社有限公司（100054，北京市西城区右安门西街 8 号）
网　　址：http://www.tdpress.com
印　　刷：北京盛通印刷股份有限公司
版　　次：2023 年 6 月第 1 版　2023 年 6 月第 1 次印刷
开　　本：787 mm×1 092 mm　1/16　印张：16.25　字数：360 千
书　　号：ISBN 978-7-113-30016-6
定　　价：89.80 元

前言

献给陪伴我的朋友、家人，以及我所热爱的事业

随着互联网行业的发展，被称为新时代能源的数据显得愈发重要，无论是千人千面的淘宝，还是个性化推荐的抖音，都验证了同一个事实：依托以算法为代表的前沿技术，数据可以挖掘出巨大的商业价值与潜力。与此同时，如今互联网行业已经进入了"产业互联网"的下半场，各个领域都在进行数字化的转型和升级，而数据分析能力的强弱则决定了产业互联网数字化水平的高低。因此，希望通过本书的内容，给相关行业的从业者提供一些数据分析的思维和执行方法，从而帮助更多的人在行业转型的大背景下获得先机。

我从2017年进入国内的跨境电子商务行业发展，如今在帮助服饰行业的中小企业做数字化转型，这五年间经历了跨境电商的热潮，也看到了"产业数字化"带来的机会，但更多时候我面对的则是，众多企业经营者在处理茫茫数据中的不知所措和无奈。例如，许多跨境电商创业者在面对海外数据时，不知道如何搭建用户画像体系来提升运营效率，而国内中小门店经营者想要做数字化转型时，面对"将现有线下顾客资源转换成线上数据资产"的问题时也是一头雾水。针对这些问题，我认为，仅仅只是从技术角度进行指导是不够的，还需要结合具体的场景，梳理出其背后的业务逻辑，再针对有价值的环节进行分析。基于上述判断，我作为业务内容编写与技术专家周景阳（贪心科技联合创始人兼副总裁）一同创作了本书，旨在连接业务与技术，从而更高效地解决数据分析从业者遇到的问题。

不同于市面上已经存在的大部分数据分析书籍，本书内容的亮点在于"技术+业务"的结合，同时全书会穿插多个实战项目，从而帮助读者更好地理解数据分析技术在业务上的应用。本书的前半部分为技术章节，主要围绕Python语言的编程方法展开。其中包括数据录入、数据可视化、数值计算、办公自动化等；后半部分为业务章节，主要围绕

不同业务场景的分析方法进行展开。其中包括广告投放、电商运营、用户画像、商品画像、商业分析等。在业务部分，为了兼顾不同技术能力的读者，我会同时结合 Excel 与 Python 来做讲解，确保部分技术能力较弱的读者也可以使用基本的办公软件处理数据、分析问题。

在创作形式上，本书会结合视频、代码、文本等多种样式对内容进行呈现。例如，在具体项目讲解中，读者可以下载具体的项目文档（包括数据包与执行代码），再结合书中的内容一步一步进行操作，在涉及复杂性操作时，也录制了相关视频供读者参考。读者可以通过链接下载本书附带的数据资源（http://www.m.crphdm.com/2023/0426/14590.shtml）。

自从 2019 年 5 月我出版了第一本电商运营书后，很多读者问后续能不能针对更多的互联网场景写一本数据分析的实战教程，如今这本书的出版希望能达到众多读者的期望。在这里，首先要感谢读者，感谢大家对于我内容的包容与肯定。也非常感谢中国铁道出版社有限公司编辑的支持，以及本书另一名作者周景阳老师在创作上的合作，还要感谢日本筑波大学的教授 TURNBULL Stephen John 以及其产业技术综合研究所 HARC 研究员周宇轩，在我学习 Python 时给予的帮助。与此同时，还感谢张银露在本书创作过程中给予的支持，感谢好友陈昭瑾、李易燊、谷天一、郭苗苗、陈文君、何嘉俊、郭晓龙在我生活或工作中陷入困顿时给予的鼓励，感谢行业前辈苏畅、蒋雪琦、郑颖、庄莹、郑国弘、金剑、赵梦圆、茹璇、滕雨玫、李瑾瑾在个人事业与感情发展上的建议，感谢陈琛在个人成长道路上给予的陪伴，感谢伙伴廖可若、徐启涵、袁子馨在行业探索时一同经历的时光，祝福各位能在未来的发展中实现自己的理想与幸福。在腾讯微信工作的这一年让我意识到了什么才是真正优秀的互联网人，同时让我看到了在产业互联网的大潮下有无数行业的数字化机会等着从业者们去探索和挖掘。作为产业互联网大海下的渺小个体，我也将开始新的航程，让我们在未来的数字化彼岸再见！

最后，我觉得还应该感谢这五年来坚持本心的自己，从杭州到上海再到广州，中间经历过很多让人失望的时刻，也遇到过困顿和迷茫，感谢自己有一颗积极向上的心，也很庆幸自己依旧在做着喜欢的事，做着自己认可的事。

亲爱的读者，希望你能在阅读本书后有所收获，也祝福你能找到自己热爱的事业并坚持下去；愿你出走半生，归来仍是少年。

叶鹏飞

2022 年 7 月 18 日于广州 T I T 创意园

目录

全面了解 MySQL

使用 Python 进行 SQL 的查询与计算

第 7 章　基于用户行为的用户价值分析

第10章 数据分析思维在业务中的应用——以 B 站广告增长投放为例

第11章 数据分析在电商平台订单分析中的应用——以 B 站会员购电商平台为例

数据分析在商业分析中的应用——以商品多渠道管理为例

 数据分析在市场调研的应用——商品画像分析

第1章

文件处理

1.1 基本环境介绍

Python 已经成为目前高薪职位的办公必备技能之一。对于很多非技术型岗位，招聘企业已经明确要求应聘人员必须会使用 Python 进行自动化办公和数据分析的技能。相信在不久的将来，不仅高薪职位要求岗位人员会使用 Python 数据分析技能，甚至会成为入行的必备技能之一。

书中的代码是使用 Jupyter Notebook 开发工具来完成的，读者可选用 Anaconda 一键式安装或 Python 原生方法安装。

如没有 Python 基础的读者，可关注微信公众号"大周的技术屋"，里边包含了环境安装以及 Python 基础的大部分知识点，这是学习本书内容的前提。

你也可以在公众号上获得本书中的源代码。

1.2 Pandas 文件的读取

本小节我们将讲解使用 Pandas 来完成文件的读取，无论是自动化办公场景还是数据分析场景，这都是必不可少的操作。

在开始之前，我们需要先安装 Pandas 环境，当然如果你使用的是 Anaconda 一键式安装，这一步就可以省略了。

- 安装命令：

```
pip install pandas
```

在安装成功之后，就可以使用它了，首先需要在 Jupyter 编辑器中导入 pandas。

- 导入命令：

```
import pandas as pd
```

其中，as 是重命名的关键字。这里把 pandas 重命名为 pd，这样做的好处是在后续可以直接使用 pd 来调用 pandas，而不必每次都使用 pandas 这样一个完整的单词，简化了操作，这一操作在后续会贯穿每一个小节的知识点中。

Pandas 可以读取很多种类型的文件，比如 Excel、CSV、TXT 等类型，首先来演示一下如何读取 Excel 文件。

在源代码文件中，可以获取一个"数据分析测试题 .xlsx"文件。把文件内容读取出来的代码如下：

```
sheet1_data = pd.read_excel("数据分析测试题 .xlsx")
```

此时，数据就会存储在 sheet1_data 变量中，代码执行结果如图 1-1 所示。

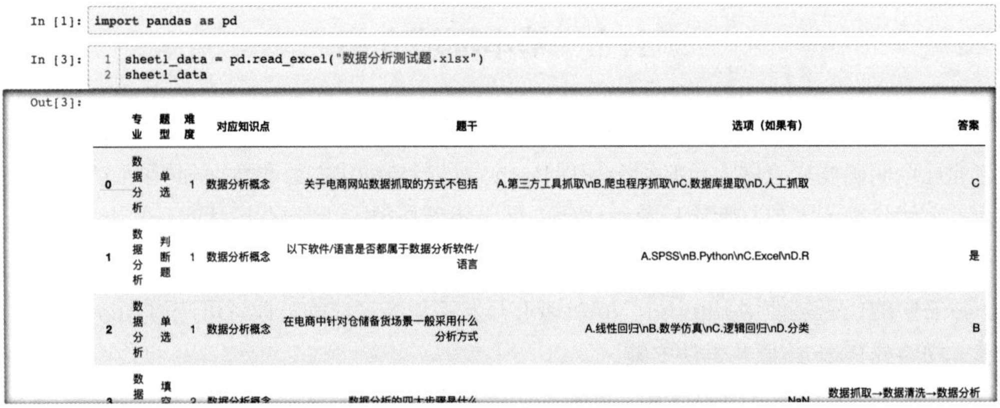

图 1-1　Pandas 读取 Excel 数据的运行结果

你注意到变量的名字了吗？这里给它起的名字是 sheet1_data，也就是在读取数据的时候，也可以指定读取任意的 sheet 名称，代码如下：

```
sheet2_data = pd.read_excel("数据分析测试题 .xlsx",sheet_name="第一阶段第二套")
```

这样写，就可以通过 sheet_name 参数来指定想要读取的任意 sheet 页了。

是不是感觉非常简单，Python 的操作就是这样简单。数据被读取出来后可以用一个函数来查看读取出来的数据类型是什么？

- 查看数据类型：

```
type(sheet2_data)
```

通过这行代码，我们将会看到 pandas.core.frame.Data Frame 的结果。其中 DataFrame 指明了返回数据的数据类型，代码及运行结果如图 1-2 所示。

```
1  # 查看数据类型
2  type(sheet2_data)
```
pandas.core.frame.DataFrame

图 1-2　查看数据类型及运行结果

我们在 1.3 节将会对 Pandas 的数据类型有个全面的认识。

1.3　初识 DataFrame 数据类型

在 Pandas 中一共包含两种数据类型，分别是 DataFrame 和 Series。从 Excel 中读取出来的数据就属于 DataFrame 类型。下面我们来学习 DataFrame 数据类型。

首先，学习如何声明一个 DataFrame 数据类型，代码及运行结果如图 1-3 所示。

```
1  # 使用字典的方式，自己声明一个DataFrame数据类型
2  df1 = pd.DataFrame({"a": [1, 2, 3], "b": [4., 5, 6]})
3  df1
```

	a	b
0	1	4.0
1	2	5.0
2	3	6.0

图 1-3　声明 DataFrame 数据类型

图 1-3 所示的代码及运行结果，跟 Excel 表格中的数据是一样的。

字典类型的 key 值成为 DataFrame 类型的列索引，行索引是自动生成地从 0 开始的数字。那么新的问题产生了，列索引可以自己设置，行索引也可以自己设置吗？

从图 1-4 所示的结果中可以看到，通过 index 参数的设置，行索引发生了变化。

```
1  # 通过index参数来指定行索引的值
2  df1 = pd.DataFrame({"a": [1, 2, 3], "b": [4., 5, 6]},
3               index=[101, 102, 103])
4  df1
```

	a	b
101	1	4.0
102	2	5.0
103	3	6.0

图 1-4　通过 index 参数指定索引值

DataFrame 类型还包含很多属性，这些属性可以帮助我们更好地了解 DataFrame 类型。

这里我们使用读取了 Excel 数据之后的变量 sheet1_data 来进行代码演示。

（1）使用属性 shape 来获取 DataFrame 数据类型变量的形状，代码及运行结果如图 1-5 所示。返回结果（50,7）表示变量 sheet1_data 一共包含了 50 行 7 列的数据。

（2）使用属性 dtypes 来获取 DataFrame 数据类型变量中每一列的数据类型，代码及运行结果如图 1-6 所示。

```
1  # 查看形状
2  sheet1_data.shape
```
(50, 7)

图 1-5　数据形状

图 1-6　DataFrame 数据类型中每一列的数据类型

从结果中可以看到，左侧一列代表的是列的索引，右侧代表的是每一列的数据类型。其中，object 类型表示字符串；int64 代表的是 64 位整型。后面还会讲到 float 浮点型，这些都是我们经常见到的。

（3）使用属性 index 来获取 DataFrame 数据类型变量的行索引，代码及运行结果如图 1-7 所示。

图 1-7 中，返回结果中的 start 代表索引从 0 开始，stop 代表到 50 结束，step 代表步长为 1。

```
1  # 查看行索引
2  sheet1_data.index
```
RangeIndex(start=0, stop=50, step=1)

图 1-7　行索引

（4）使用属性 columns 来获取 DataFrame 数据类型变量的列索引，代码及运行结果如图 1-8 所示。

```
1  # 查看列索引
2  sheet1_data.columns
```
Index(['专业', '题型', '难度', '对应知识点', '题干', '选项（如果有）', '答案'], dtype='object')

图 1-8　列索引

由于列索引是字符串类型，这里的返回结果会把每列具体的值全部列出来，如图 1-8 中的 dtype='object'，所以它是字符串类型。

（5）使用属性 values 来获取 DataFrame 数据类型变量的值，代码及运行结果如图 1-9 所示。使用 values 属性，很容易地就获取到全部值。

（6）使用属性 size 来获取 DataFrame 数据类型变量中包含值的个数，代码及运行结果如图 1-10 所示。

```
In [13]:    1  # 查看DataFrame变量的值
            2  sheet1_data.values
```

```
Out[13]: array([['数据分析', '单选', 1, '数据分析概念', '关于电商网站数据抓取的方式不包括',
        'A.第三方工具抓取\nB.爬虫程序抓取\nC.数据库提取\nD.人工抓取', 'C'],
       ['数据分析', '判断题', 1, '数据分析概念', '以下软件/语言是否都属于数据分析软件/语言',
        'A.SPSS\nB.Python\nC.Excel\nD.R', '是'],
       ['数据分析', '单选', 1, '数据分析概念', '在电商中针对仓储备货场景一般采用什么分析方式',
        'A.线性回归\nB.数学仿真\nC.逻辑回归\nD.分类', 'B'],
       ['数据分析', '填空题', 2, '数据分析概念', '数据分析的四大步骤是什么', nan,
        '数据抓取→数据清洗→数据分析→业务决策'],
       ['数据分析', '填空题', 2, '数据分析概念', '优秀数据分析师的三个特点是什么', nan,
        '业务理解、工具使用、沟通表达'],
       ['数据分析', '单选', 1, '数据分析概念', 'Excel相比于Python的优势是什么',
        'A.处理大数据分析时效率较高\nB.分析工具学习入门门槛低\nC.数据可视化个性度高', 'B'],
       ['数据分析', '多选', 1, '数据分析概念', 'Excel适用于哪些类似的公司进行数据分析',
        'A.电商入驻商\nB.电商平台\nC.线下零售商\nD.电商服务商', 'A、C'],
       ['数据分析', '多选', 2, '数据分析概念', '数据分析报告对一线业务的帮助包含',
        'A.广告投放优化\nB.渠道管理优化\nC.人员管理优化\nD.用户管理优化', 'A、B、C、D'],
       ['数据分析', '填空题', 2, '数据分析概念', '数据分析报告的要求包含哪些',
        'A.简洁性\nB.概括性\nC.方向性'],
       ['数据分析', '填空题', 3, '数据分析概念', '互联网数据分析师需要对什么指标负责', nan,
        '数据分析结果的准确性和价值度'],
```

图 1-9　DataFrame 变量的值

```
1  # 一共有多少个数据  50*7
2  sheet1_data.size

350
```

图 1-10　获取 DataFrame 数据类型变量中包含值的个数

由于数据显示的是 50 行、7 列，所以 50×7 等于 350 个数据。

以上是我们经常使用到的一些属性。

1.4　DataFrame 数据类型的访问

我们了解了 DataFrame 数据类型的基本操作，现在来学习如何访问 DataFrame 数据类型中的数据。

1.4.1　如何使用 head() 方法查看数据

常用的操作是查看数据的前几条信息了，可以使用 head() 方法来操作，代码及运行结果如图 1-11 所示。

```
1  # 访问
2  # 查看数据前5条
3  sheet1_data.head()
```

	专业	题型	难度	对应知识点	题干	选项（如果有）	答案
0	数据分析	单选	1	数据分析概念	关于电商网站数据抓取的方式不包括	A.第三方工具抓取\nB.爬虫程序抓取\nC.数据库提取\nD.人工抓取	C
1	数据分析	判断题	1	数据分析概念	以下软件/语言是否都属于数据分析软件/语言	A.SPSS\nB.Python\nC.Excel\nD.R	是
2	数据分析	单选	1	数据分析概念	在电商中针对仓储备货场景一般采用什么分析方式	A.线性回归\nB.数学仿真\nC.逻辑回归\nD.分类	B
3	数据分析	填空题	2	数据分析概念	数据分析的四大步骤是什么	NaN	数据抓取→数据清洗→数据分析→业务决策
4	数据分析	填空题	2	数据分析概念	优秀数据分析师的三个特点是什么	NaN	业务理解、工具使用、沟通表达

图 1-11　使用 head() 方法访问前五条数据

head()方法默认是查看数据的前五条，如果你想要指定查看多少条，那么只要在括号中输入对应的参数即可，参数支持的是整数类型，也就是输入一个对应的数字。代码如下：

```
sheet1_data.head(10)
```

这样就可以查看前10条数据了。

我们也可以像访问列表以及字典等类型的数据那样访问DataFrame数据类型，代码及运行结果如图1-12所示。

这里使用了中括号，在中括号中输入"题型"列的名字，就能够访问题型这一列的数据了，但在实际工作中，还需要多操作一步，因为如果直接访问一个完整列的数据，数据量会比较大，显示出来的数据也较多，所以一般地，会在后边加入head()函数，这样就可以控制显示多少条数据了，代码及运行结果如图1-13所示。

图1-12 访问DataFrame数据类型中固定列的值

图1-13 访问固定列后再调用head()函数访问前五条数据

1.4.2 如何查看数据类型

接下来的操作是查看通过列索引访问出来的数据的类型是什么？

可以使用如下代码来查看它的数据类型，代码及运行结果如图1-14所示。

```
type(sheet1_data["题型"])
```

通过运行结果可以看到，这仍然是Pandas库中一种数据类型，叫作Series。这里并不针对Series数据类型进行操作，所以暂时先不做详细讲解，后续的章节中会专门讲解Series数据类型。

```
1  type(sheet1_data["题型"])
pandas.core.series.Series
```

图1-14 查看固定列的数据类型

通过操作得出一个结论：DataFrame数据类型是由多个Series数据类型组成的。

1.4.3　如何同时访问多列数据

在工作中我们可能碰到的问题是，如果想要同时访问多列数据，应该如何操作，代码及运行结果如图 1-15 和图 1-16 所示。

```
1  # 访问多列
2  sheet1_data[["题型","题干"]].head()
```

	题型	题干
0	单选	关于电商网站数据抓取的方式不包括
1	判断题	以下软件/语言是否都属于数据分析软件/语言
2	单选	在电商中针对仓储备货场景一般采用什么分析方式
3	填空题	数据分析的四大步骤是什么
4	填空题	优秀数据分析师的三个特点是什么

图 1-15　显示代码　　　　　　图 1-16　访问多列数据结果

1.4.4　如何进行数据类型的筛选

脱离以上数据，须重新声明一个 DataFrame 数据类型的变量来做一些新的操作。这个操作就是如何对 DataFrame 数据类型进行数据筛选，代码及运行结果如图 1-17 所示。

接下来，我们可以使用 False 或者 True 来控制具体显示哪一行数据。

仔细看下方的代码以及运行结果，如图 1-18 所示。

```
1  # 声明一个DataFrame数据类型
2  df1 = pd.DataFrame({"a": [1, 2, 3],
3                      "b": [4., 5, 6]},
4                      index=[101, 102, 103])
5  df1
```

	a	b
101	1	4.0
102	2	5.0
103	3	6.0

图 1-17　声明 DataFrame 数据类型

```
1  # 数据有3行,显示第一行和第三行
2  # 这个应用的场景是当我们把数据做运算的时候
3  # 会返回一个布尔值,然后再获取具体数据
4  df1[[True,False,True]]
```

	a	b
101	1	4.0
103	3	6.0

图 1-18　使用布尔值控制行数据的显示

这里需要注意的是，在 df1 这个变量后有两个中括号，这个是新手经常犯的一个错误，因为在做数据筛选的时候，这里要求的数据类型就是列表，所以在原来的中括号内还需要再有一层中括号，当然，如果经过运算后的数据类型就是列表，那么就可以把变量直接放入此列表，代码及运行结果如图 1-19 所示。

```
1  # 声明一个变量
2  r = [True,False,True]
3  df1[r]
```

	a	b
101	1	4.0
103	3	6.0

图 1-19　声明一个变量

因为变量 r 就是一个列表数据类型了。

下面我们来做一个比较难的练习，在 sheet1_data 中，筛选出难度等于 2 的题目的前

五条，代码及运行结果，如图1-20所示。

```
1  # 筛选出难度2的题目的前5条
2  sheet1_data[sheet1_data["难度"]==2].head()
```

	专业	题型	难度	对应知识点	题干	选项（如果有）	答案
3	数据分析	填空题	2	数据分析概念	数据分析的四大步骤是什么	NaN	数据抓取→数据清洗→数据分析→业务决策
4	数据分析	填空题	2	数据分析概念	优秀数据分析师的三个特点是什么	NaN	业务理解、工具使用、沟通表达
7	数据分析	多选题	2	数据分析概念	数据分析报告对一线业务的帮助包含	A.广告投放优化\nB.渠道管理优化\nC.人员管理优化\nD.用户管理优化	A、B、C、D
12	数据分析	单选题	2	数据分析概念	在电商中针对业绩预测场景一般采用什么分析方式	A.线性回归\nB.数学仿真\nC.逻辑回归\nD.分类	A
18	数据分析	单选题	2	数据分析概念	适合观察时间序列的数据可视化图表是什么	A.柱状图\nB.折线图\nC.雷达图\nD.散点图	B

图1-20 筛选出难度2的题目的前五条

我们先来熟悉这些运算方法，后续在项目练习中再进行知识的巩固学习。

1.5 区域访问的方法

在1.4节中我们学会了如何对DataFrame数据类型进行列访问以及条件筛选，本小节要掌握的知识点是区域访问，在进行区域访问之前，先来学习一下如何进行DataFrame数据类型中行的访问。

行的访问需要使用loc()函数。首先我们来看一个例子，代码及运行结果如图1-21所示。

```
1  # DataFrame数据类型行的单独访问
2  sheet1_data.loc[[1,2,3]]
```

	专业	题型	难度	对应知识点	题干	选项（如果有）	答案
1	数据分析	判断题	1	数据分析概念	以下软件/语言是否都属于数据分析软件/语言	A.SPSS\nB.Python\nC.Excel\nD.R	是
2	数据分析	单选题	1	数据分析概念	在电商中针对仓储备货场景一般采用什么分析方式	A.线性回归\nB.数学仿真\nC.逻辑回归\nD.分类	B
3	数据分析	填空题	2	数据分析概念	数据分析的四大步骤是什么	NaN	数据抓取→数据清洗→数据分析→业务决策

图1-21 DataFrame数据类型行的单独访问

以上代码访问了1~3行，共计三行数据。

这就是访问行数据的方法，当然我们也可以访问行数据，再对列进行筛选访问，这里需要注意：这段代码访问1、3、5共三行数据，之后又对"题型"这列进行筛选，代码如下：

```
sheet1_data.loc[[1,3,5],"题型"]
```

需要注意的是，中括号的位置不要放错。其中的列表数据类型 [1,3,5] 和字符串数据类型"题型"都是loc()的参数。代码及运行结果如图1-22所示。

上述代码是在进行行数据筛选后，再对一列的数据进行筛选，也可以对多列数据进行筛选。这里仍然需要注意的是中括号的位置切忌放错。

筛选行数据的同时再筛选多列的数据，代码如下：

```
sheet1_data.loc[[1,3,5],["题型","题干"]]
```

第二个参数["题型","题干"]，在进行多列筛选的时候，这里也是列表数据类型，代码及运行结果如图1-23所示。

图1-22　筛选行数据的同时再筛选列的数据　　图1-23　筛选行数据的同时再筛选多列的数据1

这里也可以采用与列表切片访问相同的方式来进行多列的数据筛选，代码及运行结果如图1 24所示。

图1-24　筛选行数据的同时再筛选多列的数据2

注意： 在运行结果中，这行代码访问的是从"题型"开始，一直到最后的所有列；"题型"后边的冒号不能省略。

如果不想从某一列开始一直到最后一列访问，也可以用以下这样的访问方式，代码及运行结果如图1-25所示。

这行代码访问的是从"题型"列开始，一直到"题干"这列，中间使用冒号连接。

除了loc()函数可以进行区域访问外，使用iloc也可以做到。首先我们来说一下loc和iloc的区别，这里的i表示index，它们的区别如下：

（1）loc是使用字段的名称进行访问。

（2）iloc是使用索引数字进行访问。

```
1   # 筛选行数据的同时再筛选多列的数据，访问哪列到哪列
2   sheet1_data.loc[[1,3,5],"题型":"题干"]
```

	题型	难度	对应知识点	题干
1	判断题	1	数据分析概念	以下软件/语言是否都属于数据分析软件/语言
3	填空题	2	数据分析概念	数据分析的四大步骤是什么
5	单选	1	数据分析概念	Excel相比于Python的优势是什么

图1-25　访问某列到某列的数据

下面看一个具体的例子，首先查看这个例子中的全部数据，这样可以方便对比数据，代码及运行结果如图1-26所示。

```
1   sheet1_data.head()
```

	专业	题型	难度	对应知识点	题干	选项（如果有）	答案
0	数据分析	单选	1	数据分析概念	关于电商网站数据抓取的方式不包括	A.第三方工具抓取\nB.爬虫程序抓取\nC.数据库提取\nD.人工抓取	C
1	数据分析	判断题	1	数据分析概念	以下软件/语言是否都属于数据分析软件/语言	A.SPSS\nB.Python\nC.Excel\nD.R	是
2	数据分析	单选	1	数据分析概念	在电商中针对仓储备货场景一般采用什么分析方式	A.线性回归\nB.数学仿真\nC.逻辑回归\nD.分类	B
3	数据分析	填空题	2	数据分析概念	数据分析的四大步骤是什么	NaN	数据抓取→数据清洗→数据分析→业务决策
4	数据分析	填空题	2	数据分析概念	优秀数据分析师的三个特点是什么	NaN	业务理解、工具使用、沟通表达

图1-26　查看全部数据

接下来我们进行具体的操作，先看代码及运行结果，再来解释，代码及运行结果如图1-27所示。

```
1   sheet1_data.iloc[[0,1,2,3],[0,1,2,3,4]]
```

	专业	题型	难度	对应知识点	题干
0	数据分析	单选	1	数据分析概念	关于电商网站数据抓取的方式不包括
1	数据分析	判断题	1	数据分析概念	以下软件/语言是否都属于数据分析软件/语言
2	数据分析	单选	1	数据分析概念	在电商中针对仓储备货场景一般采用什么分析方式
3	数据分析	填空题	2	数据分析概念	数据分析的四大步骤是什么

图1-27　使用索引数字进行访问

根据代码和结果不难看出这行代码的作用，注意代码的写法：

```
sheet1_data.iloc[[0,1,2,3],[0,1,2,3,4]]
```

其中，第一个参数 [0,1,2,3] 表示要访问0、1、2、3共计四行数据；而第二个参数 [0,1,2,3,4]，表示要访问0、1、2、3、4共计五列的数据。

这里的列号也是从 0 开始，之前我们是直接使用列的名字来进行访问，这里使用列的索引值进行访问。

接下来我们查看下一个例子，代码及运行结果如图 1-28 所示。

这里首先访问了 0、1、2、3 共四行数据，之后又对列进行了操作。其中 1:3 表示筛选 1~3 列的数据。但需要注意的是，这里不包含第三列的数据。

当然在使用 iloc() 访问数据的区域时，行数据的访问也可以使用冒号，看下面的例子，代码及运行结果如图 1-29 所示。

图 1-28　访问行数据后，再筛选列数据　　　图 1-29　使用冒号进行数据的连续访问

需要注意的是，图 1-29 所示中的访问 1~5 行的数据，使用冒号进行分隔的区域访问，仍然不包含第五行数据。

以上内容讲述的就是进行区域访问的知识点。

1.6　DataFrame 数据类型的新增、删除

通过前边的学习，我们掌握了 DataFrame 数据类型的访问操作。本节的学习目标是掌握 DataFrame 数据类型的新增、删除操作，步骤很多，但代码写起来很简单，让我们一起来学习吧！

1.6.1　DataFrame 数据类型的新增操作方法

首先来声明一个全新的 DataFrame 数据类型，便于后面的操作，代码如下：

```
df3 = pd.DataFrame({
    "姓名":["习妙菱","谢千青","徐访旋","万盼儿"],
    "年龄":[17,18,19,20]
})
```

代码及运行结果如图 1-30 所示。

```
1  df3 = pd.DataFrame({
2      "姓名":["习妙菱","谢千青","徐访旋","万盼儿"],
3      "年龄":[17,18,19,20]
4  })
5  df3
```

	姓名	年龄
0	习妙菱	17
1	谢千青	18
2	徐访旋	19
3	万盼儿	20

图1-30　声明一个全新的DataFrame数据类型

接下来我们要做的操作就是在这个数据上新增一行，原理其实就是访问一个空行，然后给一个空行赋值就可以了，代码及运行结果如图1-31所示。

在图中的代码中，首先访问了第四行数据，但在df3变量中并不存在第四行，正常访问数据的话是不成功的，如果给这个空行赋上值后，就变成新增一行数据。

下面新增一列数据，与新增一行数据的原理相同，首先访问到一个空列，然后把空列赋上值就可以了，代码及运行结果如图1-32所示。

```
1  ## 新增一行数据
2  df3.loc[4] = ["贺夏彤",21]
```

```
1  df3
```

	姓名	年龄
0	习妙菱	17
1	谢千青	18
2	徐访旋	19
3	万盼儿	20
4	贺夏彤	21

```
1  ## 新增一列数据
2  df3['是否在职']=["是","否","是","是","否"]
3  df3
```

	姓名	年龄	是否在职
0	习妙菱	17	是
1	谢千青	18	否
2	徐访旋	19	是
3	万盼儿	20	是
4	贺夏彤	21	否

图1-31　新增一行数据　　　　　　　　图1-32　新增一列数据

在df3变量中并不存在"是否在职"这一列，也就是说单独访问这一列是不可以的，但给其赋值就变成了新增一列。

以上就是给DataFrame数据类型新增数据的操作，接下来我们看看如何更新数据吧。

更新数据的操作并不难，只需要访问到要更新的数据，然后给这个数据重新赋值即可，如图1-33所示。

```
1  # 更新就是重新赋值
2  df3['是否在职']=["是","否","否","否","否"]
3  df3
```

	姓名	年龄	是否在职
0	习妙菱	17	是
1	谢千青	18	否
2	徐访旋	19	否
3	万盼儿	20	否
4	贺夏彤	21	否

图1-33　更新数据

这里我们仍然对"是否在职"这列进行操作,在新增数据后,又对其进行了更新的操作。

1.6.2　DataFrame 数据类型的删除操作方法

剩下的操作就是删除数据的操作了,首先要做的操作是删除一行数据,但删除的结果并不作用在原来的数据上,这到底是怎么一回事呢?一起来看一下。

我们使用drop()函数删除一行数据,代码及运行结果如图1-34所示。

从图1-34所示的代码及其运行结果中,使用drop()函数删除第0行的操作,没有执行操作,df3变量的数据内容并没有发生变化,那么该如何获取到删除后的结果呢?

需要把删除后的结果赋值给一个新的变量,这样就能获取删除后的结果,代码及运行结果如图1-35所示。

图1-34　删除行,不改变原数据　　　　图1-35　删除行,赋值给新变量

图1-35所示的代码中的drop_df3变量就是删除后的结果,可以看到结果中已经没有了第0行的数据。

如果想要删除掉原来变量上的数据该怎么做呢?也就是说要删除掉df3变量上的数据。这里需要一个参数来解决这个问题,代码及运行结果如图1-36所示。

在图1-36所示的代码，添加了一个inplace参数，并给这个参数的赋值为True，只要添加了这个参数，就可以直接作用在原数据上了。

所以在工作中若遇到了需要删除数据的场景时，首先要判断删除这个操作是否需要作用在原数据上，再使用inplace参数进行控制。

接下来看一看如何删除列数据。

在图1-37所示的代码以及运行结果中并没有使用inplace参数在原数据上控制删除操作，所以把结果赋值给了一个新的变量。

```
1  ## 使用drop删除，并且作用在原数据上
2  df3.drop(0,inplace=True)
3  df3
```

	姓名	年龄	是否在职
1	谢千青	18	否
2	徐访旋	19	否
3	万盼儿	20	否
4	贺夏彤	21	否

图1-36　删除行，作用在原数据上

```
1  ## 删除数据，删除列，不作用在原数据上
2  dff4=df3.drop(["年龄"], axis=1)
3  dff4
```

	姓名	是否在职
1	谢千青	否
2	徐访旋	否
3	万盼儿	否
4	贺夏彤	否

图1-37　删除列，不作用在原数据上

需要注意两点：第一，在删除列的时候，指定列时数据类型是列表，也就是这里的["年龄"]。第二，添加axis参数的目的是指定轴方向。DataFrame数据类型分为横轴和纵轴，从左到右是横轴，axis=0；从上到下就是纵轴，axis=1。删除列也就是删除纵轴上的数据，需要指定axis=1。

接下来再加一个inplace参数就可以删除原数据了，代码及运行结果如图1-38所示。

```
1  ## 删除列,并作用在原数据上
2  df3.drop(["年龄"], axis=1,inplace=True)
3  df3
```

	姓名	是否在职
1	谢千青	否
2	徐访旋	否
3	万盼儿	否
4	贺夏彤	否

图1-38　删除列，作用在原数据上

以上就是DataFrame数据类型的新增和删除操作了。

1.7 探索性分析项目实战

这一小节我们将会运用前面所学习的知识进行一个项目练习。先来对场景进行说明，以便对数据分析项目的数据有充分的了解，在未来工作中也要对场景，也就是业务知识有充分的了解，这样分析出来的结果才有针对性。

这份数据来源于某公司，包含姓名、性别、联系方式、入职时间、入职等级、基本薪资、福利情况等字段，从公司的HR角度出发，我们对此数据进行探索性分析。

首先读取数据，代码及运行结果如图1-39所示。

注意： 这里有一列为Id，它与行索引的作用一样，所以要删除，代码及运行结果如图1-40所示。

使用drop()函数就可以轻松地删除Id列。注意，axis和inplace参数的作用。

```
1  # 导入pandas并把数据读取出来
2  import pandas as pd
3  data = pd.read_csv("salaries.csv")
4  data.head()
```

	Id	EmployeeName	JobTitle	BasePay	OvertimePay	OtherPay	Benefits	TotalPay	TotalPayBenefits	Year	Notes	Agency	Status
0	1	NATHANIEL FORD	GENERAL MANAGER-METROPOLITAN TRANSIT AUTHORITY	167411.18	0.00	400184.25	NaN	567595.43	567595.43	2011	NaN	San Francisco	NaN
1	2	GARY JIMENEZ	CAPTAIN III (POLICE DEPARTMENT)	155966.02	245131.88	137811.38	NaN	538909.28	538909.28	2011	NaN	San Francisco	NaN
2	3	ALBERT PARDINI	CAPTAIN III (POLICE DEPARTMENT)	212739.13	106088.18	16452.60	NaN	335279.91	335279.91	2011	NaN	San Francisco	NaN
3	4	CHRISTOPHER CHONG	WIRE ROPE CABLE MAINTENANCE MECHANIC	77916.00	56120.71	198306.90	NaN	332343.61	332343.61	2011	NaN	San Francisco	NaN
4	5	PATRICK GARDNER	DEPUTY CHIEF OF DEPARTMENT,(FIRE DEPARTMENT)	134401.60	9737.00	182234.59	NaN	326373.19	326373.19	2011	NaN	San Francisco	NaN

图1-39 数据读取

```
1  # 删除Id这一列
2  data.drop(["Id"],axis=1,inplace=True)
3  data.head()
```

	EmployeeName	JobTitle	BasePay	OvertimePay	OtherPay	Benefits	TotalPay	TotalPayBenefits	Year	Notes	Agency	Status
0	NATHANIEL FORD	GENERAL MANAGER-METROPOLITAN TRANSIT AUTHORITY	167411.18	0.00	400184.25	NaN	567595.43	567595.43	2011	NaN	San Francisco	NaN
1	GARY JIMENEZ	CAPTAIN III (POLICE DEPARTMENT)	155966.02	245131.88	137811.38	NaN	538909.28	538909.28	2011	NaN	San Francisco	NaN
2	ALBERT PARDINI	CAPTAIN III (POLICE DEPARTMENT)	212739.13	106088.18	16452.60	NaN	335279.91	335279.91	2011	NaN	San Francisco	NaN
3	CHRISTOPHER CHONG	WIRE ROPE CABLE MAINTENANCE MECHANIC	77916.00	56120.71	198306.90	NaN	332343.61	332343.61	2011	NaN	San Francisco	NaN
4	PATRICK GARDNER	DEPUTY CHIEF OF DEPARTMENT,(FIRE DEPARTMENT)	134401.60	9737.00	182234.59	NaN	326373.19	326373.19	2011	NaN	San Francisco	NaN

图1-40 删除Id列

还有一个问题，由于所有的列名都是英文，所以还要将其改成中文，具体操作如下：

首先DataFrame数据类型有一个属性叫作columns，它可以直接访问所有列，代码及运行结果如图1-41所示。

```
1  # 使用columns属性查看所有列
2  data.columns
```

```
Index(['EmployeeName', 'JobTitle', 'BasePay', 'OvertimePay', 'OtherPay',
       'Benefits', 'TotalPay', 'TotalPayBenefits', 'Year', 'Notes', 'Agency',
       'Status'],
      dtype='object')
```

图1-41　使用columns属性查看所有列

我们可以基于这个列名的访问进行更改，代码及运行结果如图1-42所示。

```
1  # 把所有列的名字改成中文，方便后续使用
2  data.columns=["员工姓名","员工职位","基本工资","加班工资",
3              "其他支付","福利","总共支付","总共支付加福利",
4              "入职年份","附加说明","代理","状态"]
5  data.head()
```

	员工姓名	员工职位	基本工资	加班工资	其他支付	福利	总共支付	总共支付加福利	入职年份	附加说明	代理	状态
0	NATHANIEL FORD	GENERAL MANAGER-METROPOLITAN TRANSIT AUTHORITY	167411.18	0.00	400184.25	NaN	567595.43	567595.43	2011	NaN	San Francisco	NaN
1	GARY JIMENEZ	CAPTAIN III (POLICE DEPARTMENT)	155966.02	245131.88	137811.38	NaN	538909.28	538909.28	2011	NaN	San Francisco	NaN
2	ALBERT PARDINI	CAPTAIN III (POLICE DEPARTMENT)	212739.13	106088.18	16452.60	NaN	335279.91	335279.91	2011	NaN	San Francisco	NaN
3	CHRISTOPHER CHONG	WIRE ROPE CABLE MAINTENANCE MECHANIC	77916.00	56120.71	198306.90	NaN	332343.61	332343.61	2011	NaN	San Francisco	NaN
4	PATRICK GARDNER	DEPUTY CHIEF OF DEPARTMENT,(FIRE DEPARTMENT)	134401.60	9737.00	182234.59	NaN	326373.19	326373.19	2011	NaN	San Francisco	NaN

图1-42　修改列名称

下面只需要按照排列顺序写上想要更改的名字即可，注意数据类型是列表。使用info()函数来查看数据详情，一般这样做的目的是查看所有列的数据类型，如果有一些数据类型是不想要的，就需要对数据类型进行转换。比如这里的"基本工资"列，如果它的数据类型是字符串，那么就需要转换成浮点数类型，因为字符串类型不方便后续的计算。代码及运行结果如图1-43所示。

注意： 图1-43中有三种数据类型：object、float64、int64。其中，object可理解成是字符串。

通过观察，发现数据类型符合我们的要求，所以就不做更改了。后续的练习项目中若需要更改数据类型，再来讲解其操作。

其中，RangeIndex指的是行索引，从0开始一直到148 653，也就是说数据一共有148 653行；memory usage指的是使用了多少内存空间。

查看了数据详情，下面就基于这一份数据做一些运算吧！

```
1  # 查看数据详情
2  data.info()
```

```
<class 'pandas.core.frame.DataFrame'>
RangeIndex: 148654 entries, 0 to 148653
Data columns (total 12 columns):
员工姓名          148654 non-null object
员工职位          148654 non-null object
基本工资          148045 non-null float64
加班工资          148650 non-null float64
其他支付          148650 non-null float64
福利            112491 non-null float64
总共支付          148654 non-null float64
总共支付加福利       148654 non-null float64
入职年份          148654 non-null int64
附加说明          0 non-null float64
代理            148654 non-null object
状态            0 non-null float64
dtypes: float64(8), int64(1), object(3)
memory usage: 13.6+ MB
```

图1-43　查看数据详情

（1）先来查看一下员工们的入职年份有几个？

作为一个分析师或者是做与数据相关的工作者，我们需要具备"翻译"能力，能把工作中的一些需求翻译成可执行的程序，比如刚刚提到的问题：入职年份有几个，其实翻译成代码就是入职年份的唯一值一共有多少个？这样理解起来是不是就非常容易了，其代码及运行结果如图1-44所示。

以上代码一共分为两步操作，第一步是访问"入职年份"这一列，然后使用nunique()函数求得想要的结果。

（2）再来看一下如何计算员工的平均工资，通过mean()函数可以快速得到员工的平均工资，代码及运行结果如图1-45所示。

这里首先访问"基本工资"这一列，然后通过mean()函数计算得到这个结果。

思考： 如果想要获得加班工资最高的金额是多少，应该怎么计算？

加班工资最高即计算最大值，而最大值的计算需要使用max()函数，代码及运行结果如图1-46所示。

以上几个指标的计算都比较简单，只要通过一个函数的运算就可以得到，接下来计算几个略微复杂的指标。

（1）计算人名是GARY JIMENEZ的基本工资有多少？

我们先来看一下代码，然后针对代码进行解释，代码及运行结果如图1-47所示。

```
1  #查看入职年份都有几个(值有多少种)
2  data["入职年份"].nunique()

4
```

图1-44　入职年份

```
1  # 计算平均工资
2  data['基本工资'].mean()

66325.4488404877
```

图1-45　计算平均工资

```
1  # 加班工资最高的金额是多少
2  data["加班工资"].max()

245131.88
```

图1-46　计算加班工资最高的金额

```
1  # 人名是GARY JIMENEZ的基本工资有多少
2  data[data["员工姓名"]=='GARY JIMENEZ']['基本工资']

1    155966.02
Name: 基本工资, dtype: float64
```

图1-47　获取人名是GARY JIMENEZ的基本工资

要解决这一个问题，首先需要通过条件运算得到员工姓名为GARY JIMENEZ的这行数据，代码如下：

```
data["员工姓名"]=='GARY JIMENEZ'
```

在图1-48中包含True和False两种结果。

```
1  data["员工姓名"]=='GARY JIMENEZ'
```

```
0            False
1             True
2            False
3            False
4            False
             ...
148649       False
148650       False
148651       False
148652       False
148653       False
Name: 员工姓名, Length: 148654, dtype: bool
```

图1-48　得到员工姓名为GARY JIMENEZ的数据

下面对结果进一步访问，代码如下：

```
data[data["员工姓名"]=='GARY JIMENEZ']
```

访问后的运行结果如图1-49所示。

```
1  data[data["员工姓名"]=='GARY JIMENEZ']
```

	员工姓名	员工职位	基本工资	加班工资	其他支付	福利	总共支付	总共支付加福利	入职年份	附加说明	代理	状态
1	GARY JIMENEZ	CAPTAIN III (POLICE DEPARTMENT)	155966.02	245131.88	137811.38	NaN	538909.28	538909.28	2011	NaN	San Francisco	NaN

图1-49　进一步访问的运行结果

这样，就得到了员工姓名为GARY JIMENEZ的工资金额数据，最后进行列访问，就得到了基本工资，所以最终的代码如下：

```
data[data["员工姓名"]=='GARY JIMENEZ']['基本工资']
```

注意：这种计算和访问方式后续我们会经常用到，当一段代码很长时，并不能看出这段代码的含义，可以将这段代码从内到外一层一层地单独运行，就能够轻易地拆解出它的计算逻辑了，这样也就能快速理解复杂代码的含义了。

（2）计算收入最高的人是谁？哪个字段可以代表收入最高呢？必然是"总共支付加福利"这个字段了。

可以自己尝试编写如下代码，代码及运行结果如图1-50所示。

```
data[data['总共支付加福利'] == data["总共支付加福利"].max()]["员工姓名"]
```

```
1  # 收入最高的人是谁（总共支付加福利）
2  data[data['总共支付加福利'] == data["总共支付加福利"].max()]["员工姓名"]
```

```
0    NATHANIEL FORD
Name: 员工姓名, dtype: object
```

图1-50　查询"收入最高的人"的代码

首先我们来理解一下内部的逻辑，内部代码是：data['总共支付加福利'] == data["总共支付加福利"].max()。

它代表着"总共支付加福利"这一列要跟"总共支付加福利"这一列的最大值相等，目的是找到这一列，运行结果如图1-51所示。

```
1  data['总共支付加福利'] == data["总共支付加福利"].max()

0          True
1         False
2         False
3         False
4         False
           ...
148649    False
148650    False
148651    False
148652    False
148653    False
Name: 总共支付加福利, Length: 148654, dtype: bool
```

图1-51 "总共支付加福利"代码运行结果

它的结果仍然是包含了True和False两种情况，说明当我们要进行数据的条件筛选时，它的返回结果要么是True，要么是False，然后就可以获得并显示结果为True的数据，代码及运行结果如图1-52所示。

```
1  data[data['总共支付加福利'] == data["总共支付加福利"].max()]
```

	员工姓名	员工职位	基本工资	加班工资	其他支付	福利	总共支付	总共支付加福利	入职年份	附加说明	代理	状态
0	NATHANIEL FORD	GENERAL MANAGER-METROPOLITAN TRANSIT AUTHORITY	167411.18	0.0	400184.25	NaN	567595.43	567595.43	2011	NaN	San Francisco	NaN

图1-52 在"总共支付加福利"运行结果中获得并显示为True的数据

那么通过如下代码，就得到了收入最高的人的全部信息，最后访问"员工姓名"这一列，就能得到想要的数据。

```
data[data['总共支付加福利'] == data["总共支付加福利"].max()]
```

最终的代码如下：

```
data[data['总共支付加福利'] == data["总共支付加福利"].max()]["员工姓名"]
```

（3）接下来，挑战一个复杂的计算，每年所有员工的平均基本工资是多少？

这里有一个关键字"每年"，需要对数据进行分组计算。先来看一下代码及运行结果，如图1-53所示。

```
1  # 每年所有员工平均基本工资是多少
2  data.groupby('入职年份').mean()['基本工资']

入职年份
2011    63595.956517
2012    65436.406857
2013    69630.030216
2014    66564.421924
Name: 基本工资, dtype: float64
```

图1-53 计算每年所有员工的平均基本工资

注意： 代码中的关键字 groupby，就是实现分组运算的函数，它的参数是前面数据的一个字段，这里我们写的是"入职年份"。也就是说，我们要做的运算是对以 data 变量中"入职年份"这一列进行分组运算。

分组运算的逻辑是首先计算数据中有多少个值，再以这些值来划分不同的组，后边用的函数是 mean()，意思就是在组内计算平均值，最后拿到基本工资这一列，就实现了每年所有员工的平均基本工资是多少这个指标的计算。

（4）计算任职人数最多的五个岗位都有什么？

先来分析一下这道题目，"任职人数最多"即需要统计一共有多少种岗位，然后计算这些岗位出现的次数，所以我们首先应该对"员工职位"这一列进行分组计算，求出不同的"员工职位"都出现了多少次，代码和运行结果如图1-54所示。

```
data.groupby("员工职位").count()
```

```
1  # 以员工职位分组，进行次数计算
2  data.groupby("员工职位").count()
```

员工职位	员工姓名	基本工资	加班工资	其他支付	福利	总共支付	总共支付加福利	入职年份	附加说明	代理	状态
ACCOUNT CLERK	83	83	83	83	0	83	83	83	0	83	0
ACCOUNTANT	5	5	5	5	0	5	5	5	0	5	0
ACCOUNTANT INTERN	48	48	48	48	0	48	48	48	0	48	0
ACPO,JuvP, Juv Prob (SFERS)	1	1	1	1	1	1	1	1	0	1	0
ACUPUNCTURIST	1	1	1	1	0	1	1	1	0	1	0
...	...	...	...	...	...	...	...	...	...	...	...
X-RAY LABORATORY AIDE	26	26	26	26	0	26	26	26	0	26	0
X-Ray Laboratory Aide	100	100	100	100	100	100	100	100	0	100	0
YOUTH COMMISSION ADVISOR, BOARD OF SUPERVISORS	1	1	1	1	0	1	1	1	0	1	0
Youth Comm Advisor	4	4	4	4	4	4	4	4	0	4	0
ZOO CURATOR	1	1	1	1	0	1	1	1	0	1	0

2159 rows × 11 columns

图1-54　以员工职位分组，进行次数计算

由图1-54中可以看到，右侧显示的数据就是每一列出现的次数。选择不会有空数据的一列显示出来，这里选择"员工姓名"，显示数据如图1-55所示。

```
1  data.groupby("员工职位").count()["员工姓名"]
```

```
员工职位
ACCOUNT CLERK                                       83
ACCOUNTANT                                           5
ACCOUNTANT INTERN                                   48
ACPO,JuvP, Juv Prob (SFERS)                          1
ACUPUNCTURIST                                        1
                                                   ...
X-RAY LABORATORY AIDE                               26
X-Ray Laboratory Aide                              100
YOUTH COMMISSION ADVISOR, BOARD OF SUPERVISORS       1
Youth Comm Advisor                                   4
ZOO CURATOR                                          1
Name: 员工姓名, Length: 2159, dtype: int64
```

图1-55　选择并显示"员工姓名"列的数据

由图 1-55 所示的结果中可看到，其顺序是乱的，需要进行排序，代码及运行结果如图 1-56 所示。

```
1   # 对得到的员工职位次数进行排序，这里进行倒序排列，次数多的在上边
2   data.groupby("员工职位").count()["员工姓名"].sort_values(ascending=False)
3
```

```
员工职位
Transit Operator                          7036
Special Nurse                             4389
Registered Nurse                          3736
Public Svc Aide-Public Works              2518
Police Officer 3                          2421
                                          ...
DIRECTOR, EMPLOYEE RELATIONS DIVISION       1
DIRECTOR, FISCAL SERVICES                   1
DIRECTOR, HUMAN RESOURCES                   1
DIRECTOR, INFORMATION TECHNOLOGY GROUP      1
ZOO CURATOR                                 1
Name: 员工姓名, Length: 2159, dtype: int64
```

图 1-56　结果排序

注意： 排序的函数是 sort_values()，这里需要填写它的参数 ascending，若参数的值设为 True，则表示正序排列；若参数的值为 False，则为倒序排列。

最后来获取前五个岗位即可，这里使用 head() 函数来完成，代码及运行结果如图 1-57 所示。

```
1   # 任职人数最多的5个岗位
2   data.groupby("员工职位").count()["员工姓名"].sort_values(ascending=False).head()
3
```

```
员工职位
Transit Operator                  7036
Special Nurse                     4389
Registered Nurse                  3736
Public Svc Aide-Public Works      2518
Police Officer 3                  2421
Name: 员工姓名, dtype: int64
```

图 1-57　获取前五个岗位

第2章

企业数据分析与挖掘项目
标准化流程

2.1 基本流程介绍

我们已经学会了一部分数据处理的知识了，也初步尝试练习了一个项目，那么在企业中的真实项目都要经过哪些流程，这些流程中的重点是什么，这是我们本章学习的重点。

首先要了解数据分析和挖掘的意义是什么？

数据分析和挖掘的目标就是从大量的数据中，挖掘出对决策有潜在价值的关系、模式和趋势，并用这些知识和规则建立用于决策支持的模型，提供预测性决策支持的方法、工具和过程。

我们所学习的一些技能、分析方法等，都是为了给这一过程提供支持。

下面看一下在企业中数据分析和挖掘的项目要经过哪些工作流程，后续小节中再详细说明。

第一步：目标定义；

第二步：数据获取；

第三步：数据抽样；

第四步：数据探索；

第五步：数据预处理；

第六步：数据建模；

第七步：模型评价。

2.2　如何进行目标定义

这一步理解起来很简单，主要就是为一个数据分析项目找到分析目标，要明确自己的产出结果是什么。

简单来说就是明确自己要做什么？

作为分析师，我们可以简单地把目标分为外部目标和内部目标。也就是说，我们的分析结果是服务于外部用户的，还是服务于内部员工的？

如果分析目标是服务于外部用户的，那么有哪些常见场景呢？

2.2.1　在线产品

目标一：个性化会员促销活动

随着流量成本的日益升高，挖掘老用户的价值成为所有公司创造营收的一个主要方向，现在的用户也希望商家或平台能够更加贴心，那么作为分析师，我们需要了解用户，然后才能制定出属于不同用户群体的个性化会员活动。

这个时候，我们的思路是根据用户的各种标签，采用聚类分析方法把用户分成不同的类型，（关于聚类分析方法，会在后边的章节中讲到），这样就把用户分成了 A、B、C、D、E 等不同的群体，再根据不同群体所表现出特征的不同而有针对性地做个性化活动。

目标二：营销活动效果预测分析

所有的运营，在举办活动之前都要有周密的活动计划，活动中必然会涉及有资源的投入，那么老板在进行活动审批的时候，一定需要了解此次活动的预期效果。该如何给出一个可靠的活动效果预测呢？

这时可以采用回归分析方法(回归分析方法会在后续章节中讲到，在这里先了解到有这样的方法即可)，通过输入变量的不同（这里的输入变量指的是此次活动需要的资源投入）对最后的活动效果进行预测。

简单的回归分析场景是，当我们市场投入越多时，获得的营收就越高，但在实际工作中，当投入大到一定程度的时候，就会遇到一个瓶颈，或者是投入—产出比过低的情况，市场投入持续加大时，营收并不会呈线性增长。这也是回归分析方法要解决的一个问题。分析出什么时候会出现这个临界点。

2.2.2　线下服务业

目标一：提升服务质量

像餐饮这样的行业是非常注重服务质量的行业之一，如果我们能够在用户第一次消费时就记录下用户的消费金额、常做座位、菜品喜好、口味喜好等，那么根据这些数据就不难提升我们的服务质量。

试想一下，当我们到一家餐厅用餐时，如果能发生以下的场景，你是否会感到服务很贴心呢。

当你一进门时，服务员就能直呼你的名字或职位，并把你领到常坐的位置上，且还没点餐，服务员就已经根据你以往的菜品喜好给你先默认一个菜单，还能把消费金额控制在你能接受的范围内。如果你不喜欢当前默认菜单内的菜品，还会根据你的用餐习惯给你推荐一些相似菜品。

目标二：新店选址

影响每一个线下实体店经营状况的因素，除了品牌价值外，另外一个不可或缺的因素就是店铺地址，很多国际知名连锁店铺也都对选址有严格的要求，比如麦当劳就是其中做得很好的一家。

现在可以想象一下，如果我们是一家线下连锁品牌的数据分析师，无论是加盟商还是自营的形式，需要我们为该公司做线下门店选址的分析需求，我们应该获取哪些数据呢？为什么要获取这些数据呢？

获取这个场景数据的时候，我们需要从两个角度考虑：一是属于成本角度，二是属于企业营收角度。原因是企业经营必须要获得盈利，而预测的营收必须大于成本才能够可持续经营。

最基本的数据当属房租、水电、员工工资等，这些属于成本数据，成本数据是比较容易获得的，而影响营收的数据就会比较复杂一点，看我们考虑的是否全面。

比如周边商家经营品类分布、消费者消费时段、消费者消费金额、消费者标签（是属于上班族、学生还是工人等）、周边商家竞品分布（竞品并非越少越好，当同一品类经营成规模时，会有商圈效应）、当地税收政策等，这些数据都会影响我们的选址策略。

除了以上我说的部分数据，你可以尽情发挥，这一步是比较重要的，如果想得越全面，对于最后的分析结果就会越准确。

2.2.3　内部分析目标

除了以上的外部目标，服务于内部的分析目标也会有很多，现在让我们带入场景中了解一下吧！

目标一：离职率预测

每年年底，中大型公司一般都会对明年的人员作出规划，人员规划必然包含的一部分就是离职人员大概有多少，我们需要招聘多少，新业务预计需要多少等，如果我们能够有依据地给出可靠数字，相信会对你的职场生涯有不小的帮助。

如果我们的目标是进行离职率预测，那么就要思考到底有哪些因素会影响离职，然后对这些数据进行收集。

比如加薪幅度、是否升职、公司业务发展状况（好的业务发展状况会让员工更有拼搏的动力；反之亦然，集团型公司需要考虑所在业务线的业务发展状况）、当年绩效等级，甚至通勤距离、年龄、职业发展路径等都有可能对离职有一些影响。

目标二：优化成本、降低损耗

例如，办公用品是一个公司必不可少的消耗品，对于规模较小的公司，一般是随意领取，并不会对这个很小的部分做出使用规划。对于规模逐渐变大的公司，这个看起来非常不起眼的部分，是非常不容易规划的，也是非常容易预算超支的部分。

想一下，如果你是财务方向的数据分析师，通过几次的财务预测，都会有一些偏差。对于这种情况，你会怎么做呢？

目前，一些公司采用的方法是，规定每个员工每个季度只能有固定金额的办公用品使用额度，这个额度会放在工卡里，大家使用什么办公用品就可以使用工卡进行购买。这样做的好处是让办公用品的损耗变得可控，而每一个员工知道自己在固定时间内只能使用这么多，避免造成不可控的浪费。

这个例子想要说明的是，数据分析并不能解决一切问题，有的时候我们也可以通过分析结果结合工作经验去提出一些解决方案。

所有的知识都需要你去灵活地运用，这样才能起到意想不到的效果。

2.3　数据的来源与获取

有了目标后，才知道我们需要哪些数据来支撑，不要认为企业中一定有我们需要的数据，也千万不要想着把企业中所有的数据都拿过来进行分析。

首先根据数据的来源不同，可分为内部数据和外部数据。其中，内部数据指的是通过公司的系统获取到的数据，可以是已经存在企业数据库中的数据，也可以是我们通过一些方法获取到的数据。有的时候我们想要的数据并不一定已经存在，就需要通过数据埋点来获取，比如一些用户行为数据。外部数据泛指除了自己内部的数据以外的所有数据，外部数据需要通过一定的方法去获得，这个方法可以是爬虫，也可以是数据交换等方法。

2.4　数据抽样的常用方法

数据抽样的目标是选择能够达成分析目标的数据。

数据抽样的标准有三点：相关性、可靠性和有效性。

数据的质量为重中之重，错误的数据将导致错误的结果。所以数据的相关性、可靠性和有效性，虽然不难理解，但非常重要。

切记不要选择所有的数据。数据的精简可以使数据处理量减少，节省系统资源，还能够使目标的规律更加凸显。

数据抽样的常用方法有以下四种情况：

（1）分类抽样：把数据按照类型维度进行抽样，比如数据中存在性别这一类，那么可以分别抽取男性和女性各多少数据。

（2）随机抽样：按照随机概率来进行抽样。若用代码来实现，则会比较容易理解。假设有一个列表类型的数据，使用随机函数，每一次随机出来的都是这个列表类型的索引数字，那么就可以轻松地把这个列表类型中的数据以随机抽样的形式抽取出来。

（3）等距抽样：按照相等距离进行抽样。比如我们有100个观测数据，以10为距离，抽取的数据可以是1、11、21、31、41……比例相等的数据。

（4）分层抽样：将样本总体分成若干层次（或者说分成若干个子集）进行抽样。在每个层次中的观测值可设定相同的概率，也可设定不同的概率。比如按照年龄分为20~30、30~40、40~50等，再在这些层次中进行抽样。

2.5　数据探索的目标与任务

数据探索在数据分析项目中有着非常重要的意义，可尽早发现数据的异常，这样能够避免大量的重复劳动。数据探索的主要目的有以下几点：

（1）是否符合设想目标中的要求；

（2）样本数据中是否拥有明显的规律和趋势；

（3）是否出现了数据异常和状态；

（4）数据属性之间是否存在相关性；

（5）样本数据可以区分成哪些类别。

通过探索的目的我们发现，数据探索性分析主要是对数据质量的分析，而数据质量主要发现的就是数据中存在的脏数据。所谓脏数据，指的就是数据中的缺失值、异常值以及重复值等。这也是常见的脏数据类型。

除了以上常见的三种脏数据类型外，还有另外一种，就是因系统 Bug 原因而导致的脏数据，比如系统中出现了不一致的值或包含了特殊符号的值等。

那么包含特殊符号的值是什么意思呢？

比如我们在系统中注册账号时，很早的系统中，不允许用电话号码或者微信号等第三方登录，而是允许自定义用户名。比如我们可以在用户名中输入包含!、'、$、@等特殊符号；而现在的系统中即便是允许自定义用户名，也会在前端输入时就直接限制了不允许出现的特殊符号。

我们再来看缺失值，缺失值就是它字面的意思：缺少的值。这里我们需要再来深入地理解一下。例如，把数据存储在 Excel 中时，数据是分为行和列的，所以缺失值有行数据缺失也有列数据缺失。

而缺失值的产生又大体分为以下三个原因：

（1）获取不到数据这种情况在移动端发生得比较多，比如位置信息，如在打开某个 App 时，它会提示要获取用户位置的信息，如果点击了"不允许"，那么 App 就获取不到用户的位置信息了。

（2）系统 Bug，这个比较容易理解，没有一个系统不存在 Bug，因 Bug 而产生一些缺失值也正常，比如正常存储一个数据；后端使用了消息队列技术，或者是异步传输技术等，都不保证数据的安全性，都是有可能会丢失数据的，这里我们不用深究，了解就好。

（3）系统逻辑错误指的就是开发者在开发应用程序的时候，由于实现逻辑与需求逻辑不符合而导致的错误，这一类错误也可以归类为 Bug，如果不细分的话，我们会把所有不符合需求的问题都归类成为 Bug。

如果系统中产生了缺失值，其影响主要包含以下三个方面：

（1）在数据分析与挖掘建模过程中会丢失关键性信息；

（2）在数据分析与挖掘建模过程中表现出极其的不确定性；

（3）使得分析与挖掘建模过程变得混乱，输出不可靠。

接下来，再来看一看异常值，异常值通俗的理解就是完全错误或者不符合常理的数据。

异常值的标准概念是：数据样本中的个别值，其数值明显偏离其余的观测值。异常值也被称为离群点，相应地异常值的分析也被称为离群点分析。

异常值产生的原因主要是由于系统逻辑而产生的 Bug 或者是限制错误等场景，如客户管理系统中经常出现的年龄字段，如果年龄字段出现 200 岁，或者是 1800 年这样的远超于常识的值，都是异常值。

关于异常值，常用的分析方法是：统计量分析、样本值与平均值偏差过大（一般是三倍）、箱型图检测离群点等方法来进行分析。

最后一个有可能影响数据质量的就是重复值，关于重复值，常见的判断方法是查看这个数据是否真的重复。

一般来说，数据完全相同就是重复值，也有的数据即使是一样的，也可能不是重复值，这个需要结合场景来判断，比如电商场景中的产品归类问题。这在后续的案例中再进行针对性的分析。

在数据探索中，也有一些常用的函数，在此只了解它们即可，在后续的案例中，我们会经常用到这些函数，用得多了自然就记住了，常用函数如图 2-1 所示。

函数名称	函数功能
sum()	计算数据样本的总和
mean()	计算数据样本的算数平均数
var()	计算数据样本的方差
std()	计算数据样本的标准差
cov()	计算数据样本的协方差矩阵
describe()	给出数据样本的基本描述(包含均值、标准差、最大值、最小值等维度)

图2-1　常用函数

2.6　数据预处理

进行数据预处理的原因就是原始数据中包含了数据噪声、不完整、不一致等数据，而我们的任务就是通过一系列的方法，让数据变得"干净"。

这一过程并不复杂，就是把缺失值、异常值等数据进行处理。先来了解一下处理数据的方法，后续再学习具体的处理技术。

先来了解一下缺失值的处理，缺失值的处理一般有丢弃和补全。

（1）丢弃就是不要了，直接删掉这个数据就可以了。而不处理就是不管它，这都好理解，我们着重说一下数据补全。

（2）一般在做数据补全的时候，要观察一下数据类型，比如，对于数值型数据补全一般采用均值补全、中位数补全或众数补全的方法，通过这些方法可以很容易地获取到对应的补全数字；对于字符串类型的数据补全，一般使用固定值、默认值补全或最近值补全的方法，当然这几个方法也不仅仅可以用在字符串类型的数据补全上，数值型数据也可以使用这些补全方法。

除了以上的补全方法，还有另外一种，就是自定义规则补全，自定义规则就是根据业务逻辑以及场景来定义。

例如，在电商场景中，如果缺失了性别这一列数据，我们可以采用默认值、固定值或者最近值等方法进行补全，也可以采用自定义规则，并且自定义规则会比其他几种方法准确一些。比如我们认为购物数据中包含裙子、口红等的物品的客户就是女性，而购物数据中包含球鞋、电脑等内容的就是男性。

第二类要处理的数据就是异常值了。在正式处理异常值之前，我们首先要判断它真的是异常值吗？

我们列举生日字段来说明，在社交场景中，如果有人把自己的生日填写成为1800年1月1日，那这妥妥的就是异常值了，因为换算成年龄已经200多岁了。但如果在历史文献记录软件中，这个生日就是很正常的事情了，所以是不是异常值还需要结合场景来判断。

如果我们判断数据确定就是异常值，那么一般会采用删除、按照缺失值处理、平均值修正和不处理四种方法。

2.7　数据建模与评价

在数据预处理完成之后，数据就变得"干净"了，这时就进入数据建模的过程，其实就是真正进入使用分析模型的环节。下面简单说一下比较常用的分析方法。

回归分析与聚类分析是常用的分析方法，回归分析可以用来做一些预测，比如营销金额预测和成本预测等。

在企业中，聚类分析常用于针对员工的一种分析方法，通过聚类分析方法将员工的数据标签分成若干个类型，再根据具体的类型产出分析结果和策略。

这节需要我们使用代码来进行演示，所以这里就不作为重点说明了，在后续项目中边讲边练。

第3章

使用 Python 进行
科学运算

3.1　Pandas 计算利器 Series

3.1.1　DataFrame 与 Series 的关系

前面的章节中我们已经初步了解 Pandas 了，并且能够使用 Pandas 进行一些数据操作，我们还会面临一些问题，就是当把这些数据从数据源中读取出来之后，如果要进行计算，是不是有一些简单的方法来实现呢？

下面我们通过一份数据，先来认识一下 Series：

（1）先把数据读取出来，并查看数据结果，代码及运行结果如图 3-1 所示。

（2）查看变量 data 的数据类型，代码及运行结果如图 3-2 所示。

（3）由图 3-2 可以看到，变量 data 的数据类型是 DataFrame。接着，单独访问 id 列，代码及运行结果如图 3-3 所示。

```
1  # 导入pandas包
2  import pandas as pd
3  data = pd.read_excel('data_excel.xlsx')
4  data
```

	id	age	place
0	1	11	21
1	2	12	22
2	3	13	23
3	4	14	24
4	5	15	25
5	6	16	26
6	7	17	27
7	8	18	28
8	9	19	29
9	10	20	30

图 3-1　数据读取并查看结果

（4）由图 3-3 可以看到，单独访问 id 列的结果，并把最终结果赋值给了 s 变量。查看变量 s 的数据类型，代码及运行结果如图 3-4 所示。

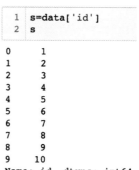

```
1  s=data['id']
2  s
```

```
0      1
1      2
2      3
3      4
4      5
5      6
6      7
7      8
8      9
9      10
Name: id, dtype: int64
```

图3-3　访问id列代码的运行结果

```
1  type(data)
```

pandas.core.frame.DataFrame

图3-2　查看数据类型的运行结果

经过以上的操作，我们看到了Series的数据类型。并且得到一个结论：当从Excel中读取数据的时候，数据类型是DataFrame。而DataFrame数据类型是由多列数据组成的，每一列的数据就是Series

```
1  type(s)
```

pandas.core.series.Series

图3-4　查看 s 变量代码的运行结果

数据类型。这里我们就清楚地梳理了Series数据类型和DataFrame数据类型之间的关系了。

Series是在进行数学运算时非常好用的一种数据类型，接下来就全面地认识一下。

3.1.2　声明一个 Series 类型

我们先来单独声明一个Series数据类型，代码及运行结果如图3-5所示。

可以看到，一共出现两列值，第一列是索引值，第二列是声明的Series数据类型的值。这两个值我们也可以单独获取。

单独获取索引值，代码如图3-6所示。

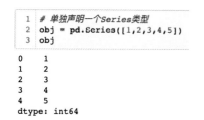

```
1  # 单独声明一个Series类型
2  obj = pd.Series([1,2,3,4,5])
3  obj
```

```
0      1
1      2
2      3
3      4
4      5
dtype: int64
```

图3-5　声明一个Series类型变量的运行结果

```
1  # 单独获取索引
2  obj.index
```

RangeIndex(start=0, stop=5, step=1)

图3-6　单独获取索引

由图3-6所示可以看到索引是从0开始一直到5，步长为1的连续整数型。

单独获取值代码及运行结果如图3-7所示。我们也可以自己来定义索引，代码及运行结果如图3-8所示。

```
1  # 单独获取值
2  obj.values
```
```
array([1, 2, 3, 4, 5])
```

图3-7　单独获取值

```
1  # 自定义索引
2  d = pd.Series(['a','b','c','d'], index=[4,5,6,7])
3  d
```
```
4    a
5    b
6    c
7    d
dtype: object
```

图3-8　Series 类型自定义索引

由图3-8所示可以看到，索引值被定义为4、5、6、7。除了这种索引值，我们还可以定义其他值。

索引的用处是可以通过索引来访问值，代码及运行结果如图3-9所示。

除了以上Series类型的声明方式外，还可通过字典类型来声明一个Series类型，代码及运行结果如图3-10所示。

```
1  # 通过索引的方式来获取值
2  d[4]
```
```
'a'
```

图3-9　通过索引获取值

```
1  # 以字典类型声明Series类型
2  d2 = {'a':10000,'b':20000,'c':30000}
3  obj = pd.Series(d2)
4  obj
```
```
a    10000
b    20000
c    30000
dtype: int64
```

图3-10　以字典类型声明Series类型

由图3-10可以看到，先声明了一个字典类型，再把字典类型的变量当作参数传递给了Series。这是我们学习的第二种Series类型的声明方式。

在这种方式里，字典的key就成为Series类型的索引值。

3.1.3　Series 判断缺失值

Series中有一个非常简单地判别数据是否存在缺失值的方法，首先声明一个带有空数据的Series类型的变量，代码及运行结果如图3-11所示。

```
1  # 声明一个带有空数据的Series
2  data = {'a':None,'b':20000,'c':30000}
3  obj = pd.Series(data)
4  obj
```
```
a        NaN
b    20000.0
c    30000.0
dtype: float64
```

图3-11　声明一个带有空数据的Series

注意： 在声明的过程中，None代表的是空数据，在查看结果的显示中，NaN代表的是空。空数据，在实际工作中我们也管它叫作缺失值。

当处理一份数据时，首先要做的是数据清洗，而对于缺失值的发现和处理是必不

可少的，先来看看怎么发现缺失值。发现缺失值方法一的代码及运行结果如图 3-12
所示。

接着来学习方法二，再对结果进行解释。发现缺失值方法二的代码及运行结果如
图 3-13 所示。

以上两段代码的运行结果是一样的。可以看到，在使用 isnull() 方法来判断是否存在
缺失值的时候，若值为 True，则意味着这个数据是缺失值；若值为 False，则意味着不
是缺失值。

我们也可以采用另一种反向判断的方法来查看是否有缺失值。反向查看是否有缺失
值代码如图 3-14 所示。

图 3-12　发现缺失值方法一　　图 3-13　发现缺失值方法二　　图 3-14　反向查看是否有缺失值

这里使用的是 notnull() 方法来判断是否存在缺失值，若为 True，则表示不是缺失值；
若为 False，则表示是缺失值。

3.1.4　Series 的运算

下面我们来学习使用 Series 类型进行一些简单的运算以及它的规则。

首先来声明一个 Series 数据类型，代码如图 3-15 所示。

```
1  d1 = pd.Series([1.3,1.5,2.6,-3.5], index=['a','b','c','d'])
2  d1
```

```
a    1.3
b    1.5
c    2.6
d   -3.5
dtype: float64
```

图 3-15　声明数据类型的代码

一个 Series 是不能做运算的，需要再来声明一个 Series，如图 3-16 所示。

假设两个 Series 数据类型的变量分别是 d1 和 d2，如果让它们两个相加，会是怎样的
运算结果呢，一起来看一下，代码及运行结果如图 3-17 所示。

注意： 两个 Series 数据类型在进行运算的时候，将索引重叠且对应的值一一相加，而
索引未重叠的，就是空值。就像索引为 e 的这一行数据。

```
1  d2 = pd.Series([-1.3,-1.5,-2.6,3.9,9.8], index=['a','b','c','d','e'])
2  d2
3
```

```
a  -1.3
b  -1.5
c  -2.6
d   3.9
e   9.8
dtype: float64
```

图3-16　声明一个Series

```
1  d1+d2
```

```
a  0.0
b  0.0
c  0.0
d  0.4
e  NaN
dtype: float64
```

图3-17　两个Series
数据类型相加

3.2　一个必不可少的运算库 NumPy

到这里我们要学习一个新的知识了，它就是NumPy，一个新的计算库，非常好用。先用一句话总结一下NumPy其实就是一个多维的列表对象。

如果你的环境中已经有NumPy了，可直接引入；如果还没有，就需要下载安装。引入代码以及各种情况该如何安装NumPy，如图3-18所示。

我们先来看一下如何声明一个NumPy对象。注意，这里称为对象，而不仅仅是一个变量，代码如图3-19所示。

```
1  data = [1,2,3,4]
2  data  # 这是一个数据类型，列表的

[1, 2, 3, 4]
```

```
1  import numpy as np
2  ## 1、命令行pip install numpy
3  ## 2、如果在jupyter当中安装 !pip install numpy
4  ## 3、anaconda的环境，就不用安装了
```

图3-18　引入NumPy库

```
1  n = np.array(data)
2  n  # 这是一个对象

array([1, 2, 3, 4])
```

图3-19　声明一个NumPy对象

注意：图3-19所示中的代码被分成了上下两个部分，上部分是声明一个列表，其中，data表示一个数据类型；而下部分是NumPy对象的声明，是把data变量放入array()方法中，就变成了NumPy对象。

NumPy对象有一个形状的概念，也是一个多维的列表，下面我们来查看它的形状，代码及运行结果如图3-20所示。

```
1  # 查看形状
2  n.shape

(4,)
```

图3-20　查看形状

这里的结果是(4,)，代表着数据有4行，以后我们会看到显示结果有不同的数字，如果是两个数字，就表示是二维列表；如果是三个数字，就表示是三维列表。

除了以上的声明方式外，我们还可以半自动地生成NumPy对象，代码及运行结果如图3-21所示。

```
1  n2 = np.array(data*10)
2  n2
```

```
array([1, 2, 3, 4, 1, 2, 3, 4, 1, 2, 3, 4, 1, 2, 3, 4, 1, 2, 3, 4, 1, 2,
       3, 4, 1, 2, 3, 4, 1, 2, 3, 4, 1, 2, 3, 4, 1, 2, 3, 4])
```

图 3-21　根据 data 变量生成 NumPy 对象

图 3-21 所示的代码中，即使 data 变量重复了 10 次，仍然可以生成一个新的 NumPy 对象。

一维的 NumPy 我们已经了解过了，下面来看看二维的 NumPy 怎么声明。二维的 NumPy 对象也称为嵌套序列，代码及运行结果如图 3-22 所示。

下面再来看一下 NumPy 对象 arr2 的形状，代码如图 3-23 所示。

```
1  ## 嵌套序列：是由一组等长列表组成的列表
2  arr = [[1,2,3,4],[1,2,3,4]]
3  arr2 = np.array(arr)
4  arr2
```

```
array([[1, 2, 3, 4],
       [1, 2, 3, 4]])
```

图 3-22　二维 NumPy 对象的声明

```
1  arr2.shape
```

```
(2, 4)
```

图 3-23　查看形状代码

在图 3-23 所示的结果中，我们可以看到二维 NumPy 对象比一维 NumPy 对象多了一个数字，代表结果是 2 行 4 列。

以上我们学习了 NumPy 对象的声明，下一小节开始，我们将学习 NumPy 对象有哪些特点。

3.3　类型推断

在源数据中如果出现数据类型不同的情况，那么 NumPy 对象可以自动地帮我们做一些类型推断的事情，那么什么是类型推断呢？我们先从代码中学习一下。

第一个示例代码如图 3-24 所示。

在声明的时候，如果列表中的元素既包含字符串类型，也包含整数类型，那么 NumPy 会怎么操作呢？

在结果中，我们观察到每一个元素都由一对儿单引号进行包裹，也就意味着这些元素都是字符串类型。这个判断的过程就是类型推断。

当原始列表的元素中包含字符串并且同时包含整数类型的时候，它就会把所有元素类型都变成字符串。

接下来再来看一个例子，如图 3-25 所示。

```
1  arr = [["1","2",3,4],[5,6,7,8]]
2  arr2 = np.array(arr)
3  arr2
```
```
array([['1', '2', '3', '4'],
       ['5', '6', '7', '8']], dtype='<U1')
```
图 3-24　第一个示例代码

```
1  arr = [[1.2,2,3,4],[5,6,7,8]]
2  arr2 = np.array(arr)
3  arr2
```
```
array([[1.2, 2. , 3. , 4. ],
       [5. , 6. , 7. , 8. ]])
```
图 3-25　加上一个点变成浮点数

观察图 3-25 中的元素数据类型包含了浮点数和整数。下面再来看一下结果中的数据。

在结果中，所有元素打印出来的效果都是带了一个点，注意，这个点"."就代表了这些元素全部都是浮点数。

类型推断的结果就是：当列表元素由整数和浮点数组成时，NumPy 会将所有的数据类型都变成浮点数。那么问题来了，为什么不是变成整数呢？

答案很简单，因为如果变成整数，那么所有的浮点数将会丢失精度。

这就是 NumPy 中的类型推断了。

3.4　NumPy 的矢量化操作

矢量化，听起来很高深的词语，用一句话就能解释清楚：在我们操作 NumPy 对象的时候，不需要编写循环就可以进行批量操作，这就是矢量化操作。

让我们从代码中感受一下这个操作的神奇地方吧！

首先声明两个 NumPy，然后让其相加，代码及运行结果如图 3-26 所示。

在图 3-26 所示的代码中，是两个一维 NumPy 对象相加，我们看到在其对应位置自动做了相加的操作，这就给我们带来了极大方便。

再来看看二维 NumPy 对象的操作会是怎样的，代码及运行结果如图 3-27 所示。

```
1  arr1 = np.array([1,2,3,4])
2  arr2 = np.array([5,6,7,8])
3  arr1 + arr2
```
```
array([ 6,  8, 10, 12])
```
图 3-26　两个 NumPy 相加的代码及运行结果

```
1  arr1 = np.array([[1,2,3,4],[5,6,7,8]])
2  arr2 = np.array([[2,3,4,5],[6,7,8,9]])
3  arr1 + arr2
```
```
array([[ 3,  5,  7,  9],
       [11, 13, 15, 17]])
```
图 3-27　二维 NumPy 对象的操作代码及运行结果

在图 3-27 中，我们看到即便是二维 NumPy 对象，也仍然能够在其对应位置做出相加的操作。

接下来我们看一下其他操作：两个 NumPy 对象相减的，代码及运行结果如图 3-28 所示。

两个 NumPy 对象相乘的代码及运行结果如图 3-29 所示。

```
1  arr1 - arr2
array([[-1, -1, -1, -1],
       [-1, -1, -1, -1]])
```

图 3-28　两个 NumPy 对象相减的操作代码
及运行结果

```
1  arr1 * arr2
array([[ 2,  6, 12, 20],
       [30, 42, 56, 72]])
```

图 3-29　两个 NumPy 对象相乘的代码
及运行结果

两个 NumPy 对象相除的代码及运行结果如图 3-30 所示。

```
1  arr1 / arr2
array([[0.5       , 0.66666667, 0.75      , 0.8       ],
       [0.83333333, 0.85714286, 0.875     , 0.88888889]])
```

图 3-30　两个 NumPy 对象相除的代码及运行结果

我们看到，无论是做什么样的操作，都能够让
其在对应的位置做出我们指定的运算。

那么除了以上的操作外，我们还可以拿一个固
定的数字对任意 NumPy 对象做运算，比如乘法，
其代码及运行结果如图 3-31 所示。

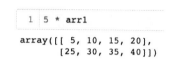

```
1  5 * arr1
array([[ 5, 10, 15, 20],
       [25, 30, 35, 40]])
```

图 3-31　对任意 NumPy 对象做运算

在结果中，我们看到每一个元素都做了乘以 5 的操作。那么有了这样的操作特性以
后，是不是我们的运算就会非常方便了。

3.5　NumPy 的切片

切片，又是一个新的词语。这是属于 Python 中独有的一种叫法，其实就是访问数据
的方法，这样翻译过来是不是一下就明白了。

下面通过一个例子进行讲解，首先我们声明一个 NumPy 对象，代码及运行结果如
图 3-32 所示。

注意：这里使用的声明方法与之前的代码是不同的，这里使用了 arange() 方法，参数
中填写 10，就意味着是一个从 0～9 的 NumPy 对象。

看一下代码，我们要访问索引为 3 的数据，如图 3-33 所示。

```
1  ## 现在我们有一组列表
2  arr = np.arange(10)
3  arr
array([0, 1, 2, 3, 4, 5, 6, 7, 8, 9])
```

图 3-32　声明一个 NumPy 对象

```
1  arr[3]
3
```

图 3-33　访问索引为 3 的数据

以上索引值与 NumPy 对象中的值一致，但不要混淆，这是使用索引访问值。这个操
作就是切片操作的一种，其实就是通过索引访问数据。

我们接着看下面的例子，要访问索引为4及以后的元素数据，代码如图3-34所示。

这里的冒号 : 表示"以后"的意思，所以这句代码的含义就是访问索引为4及以后的所有数据了。

在切片操作后，也可以对访问的结果进行赋值。我们给出一个问题：请把变量arr中的索引值从0～4的值全部更新成为9。请读者自行思考此代码应该怎么编写，再来看如下代码。具体运行结果如图3-35所示。

```
1  ## 现在我们要访问4及以后的元素
2  arr[4:]
```
```
array([4, 5, 6, 7, 8, 9])
```
图3-34　访问索引为4及以后的元素

```
1  # 将一个标量的值赋值给一个切片时，该值会自动地传播到整个区域
2  # 并且直接影响原数据的值
3  arr[0:4] = 9
4  # 查看结果
5  arr
```
```
array([9, 9, 9, 9, 4, 5, 6, 7, 8, 9])
```
图3-35　索引值从0～4的值全部更新成为9

我们看到索引为0、1、2、3的值全部都变成了9，这就是先访问然后赋值的步骤。

以上是一维NumPy列表对象的访问，接下来我们看一下如果是二维的NumPy列表对象，该如何访问呢？首先我们声明一个二维的NumPy对象，代码如图3-36所示。

下面访问索引值为0的元素的代码及运行结果，如图3-37所示。

```
1  arr1 = np.array([[1,2,3,4],[5,6,7,8]])
2  arr1
```
```
array([[1, 2, 3, 4],
       [5, 6, 7, 8]])
```
图3-36　声明一个二维的NumPy对象

```
1  arr1[0]
```
```
array([1, 2, 3, 4])
```
图3-37　访问索引为0的元素

由图3-37所示看到，结果中展示了[1,2,3,4]元素。其原因是，我们首先把最外层看成两个元素，这也是二维数据的由来，这里的每一个元素都是由一个列表组成的，它们的索引值分别为0和1。若要访问二维NumPy列表对象中的具体某一个元素的值，比如访问2这个元素值，则代码及运行结果如图3-38所示。

```
1  # 访问元素值2
2  arr1[0][1]
```
```
2
```
图3-38　访问索引为2的元素

这里的逻辑是先访问到[1,2,3,4]元素，由于在外层的索引值是0，所以在访问后，再访问其中索引值为1的元素，也就是2，这样结果就出来了。

3.6 花式索引 Fancy Indexing

花式索引，英文为 Fancy Indexing，它是 NumPy 中的一个术语，指的是利用整数数组来进行索引的方式。

先来看一个例子，首先声明一个 8 行 4 列的空的 array 列表对象，代码及运行结果如图 3-39 所示。

在图 3-39 中，我们使用 NumPy 中的 empty() 函数来声明空列表，其中，参数 "(8,4)" 指的就是八行四列的含义。注意，其参数的数据类型是元组。

接下来我们把这个空列表全部赋上值，代码及运行结果如图 3-40 所示。

```
1  arr = np.empty((8,4))  # 声明一个8*4的空的列表
2  arr
```

```
array([[ 0.00000000e+000, -2.00000013e+000,  2.18037529e-314,
         2.18269130e-314],
       [ 2.18223821e-314,  2.18223824e-314,  2.13330706e-314,
         2.14595512e-314],
       [ 2.18003213e-314,  2.13326468e-314,  2.13324251e-314,
         2.38844790e-314],
       [ 2.38844793e-314,  2.38843835e-314,  2.37229595e-314,
         2.38844803e-314],
       [ 2.38844806e-314,  2.13310092e-314,  2.18019253e-314,
         2.38844812e-314],
       [ 2.13310059e-314,  2.13316239e-314,  2.18002790e-314,
         2.12709110e-314],
       [ 1.33354328e-315,  3.10503639e+231,  2.12707931e-314,
         2.12709101e-314],
       [ 2.00000013e+000, -2.00000013e+000,  2.12707931e-314,
         9.88131292e-323]])
```

图 3-39 声明一个空的列表

```
1  # 赋值
2  for i in range(8):
3      arr[i] = i
4  arr
```

```
array([[0., 0., 0., 0.],
       [1., 1., 1., 1.],
       [2., 2., 2., 2.],
       [3., 3., 3., 3.],
       [4., 4., 4., 4.],
       [5., 5., 5., 5.],
       [6., 6., 6., 6.],
       [7., 7., 7., 7.]])
```

图 3-40 把空列表全部赋值的
代码及运行结果

图 3-40 中的每一行都被重新赋值了，这样便于我们后续访问的时候更方便地观察。此时，如果想要同时访问第 4、第 3、第 0 和第 6 行的数据，该怎么做呢？具体代码及运行结果如图 3-41 所示。

从上例中，我们可以看到以一个特定的顺序来选取行中的子集，传入一个用于指定顺序的整数列表或数组。注意：这里也可以使用负数来进行索引。

下面我们要学一个新的知识点，叫作重置形状，先看例子，再来解释，代码及运行结果如图 3-42 所示。

在图 3-42 中，我们使用了 NumPy 中的 arange() 函数生成了一个从 0～32，但不包含 32 的一维列表，然后又使用了 reshape() 函数把一维列表的形状变成了二维列表，参数 (8,4) 让其变成了八行四列。注意，这里用的参数类型是元组。8 乘以 4 的结果正好是 32，所以我们在重置列表形状的时候，要注意元素的个数匹配。

```
1  ## reshape就是把这个32个元素的列表变成了8*4的列表
2  arr = np.arange(32).reshape((8,4))
3  arr
```

```
array([[ 0,  1,  2,  3],
       [ 4,  5,  6,  7],
       [ 8,  9, 10, 11],
       [12, 13, 14, 15],
       [16, 17, 18, 19],
       [20, 21, 22, 23],
       [24, 25, 26, 27],
       [28, 29, 30, 31]])
```

```
1  arr[[4,3,0,6]]
```

```
array([[4., 4., 4., 4.],
       [3., 3., 3., 3.],
       [0., 0., 0., 0.],
       [6., 6., 6., 6.]])
```

图3-41　同时访问第4、第3、第0和
第6行数据的代码及运行结果

图3-42　重置形状的代码及运行结果

接下来我们要访问第1、第5、第7和第2行，注意访问顺序。代码及运行结果如图3-43所示。

可以看出图3-43中的结果与图3-41所示的结果相同。如果我们在这个结果的基础之上，再访问第0个元素、第3个元素、第1个元素和第2个元素，会出现什么结果呢？代码及运行结果如图3-44所示。

```
1  arr[[1,5,7,2]]
```

```
array([[ 4,  5,  6,  7],
       [20, 21, 22, 23],
       [28, 29, 30, 31],
       [ 8,  9, 10, 11]])
```

图3-43　访问第1、第5、第7和第2行
数据的代码及运行结果

```
1  arr[[1,5,7,2],[0,3,1,2]]
```

```
array([ 4, 23, 29, 10])
```

图3-44　再次访问元素的代码及运行结果

首先注意如下代码的写法：

```
arr[[1,5,7,2],[0,3,1,2]]
```

这里我们是把[0,3,1,2]作为第二个参数放在最外层的列表之中。

观察结果，其结果为[4, 23, 29, 10]。其中，4是第一行的第0个元素；23是第二行的第3个元素；29是第三行的第1个元素；10是第4行的第2个元素。

所以就得到了这样的结论：使用[1,5,7,2]，首先访问的是行，当访问到具体行的时候，再进行列值的筛选；[0,3,1,2]是访问到具体列的值，其中每一个索引值代表的是行中列的索引值。

学习到这里，新的问题就来了，如果我们想要在行数据访问完成以后，再进行全部列值的筛选，该怎么做呢？也就是将行和列同时进行花式索引操作，注意看图3-45所示的代码及运行结果。

这个例子中，比较让人产生迷惑的地方就是中括号（[]）的使用，我们先来看前半部分，其中代码arr[[1,5,7,2]]是完成了行数据的访问，若再访问列的全部数据时，则不能在第一层的中括号中输入参数。后边的参数中的冒号代表着访问前边结果的全部行，当然如

果要给到具体的索引值，就是对应其索引值的行，代码及运行结果如图3-46所示。

这时，数据并没有发生变化，我们要访问其中的第0、3和1行数据并加入了参数[0,3,1]，运行结果如图3-45所示。

以上就是花式索引的内容，过程有一点复杂，主要讲的就是访问参数编码的写法，可以重温一下这个知识点。

```
1  #行 和 列同时进行花式索引操作
2  arr[[1,5,7,2]][:,[0,3,1]]

array([[ 4,  7,  5],
       [20, 23, 21],
       [28, 31, 29],
       [ 8, 11,  9]])
```

图3-45　行和列同时进行花式索引操作的代码及运行结果

```
1  arr[[1,5,7,2]][:]

array([[ 4,  5,  6,  7],
       [20, 21, 22, 23],
       [28, 29, 30, 31],
       [ 8,  9, 10, 11]])
```

图3-46　访问索引值

3.7　降维运算

在这一节中，我们要学习的是降维的操作，降维就是从高维列表降到低维列表的操作，因为在工作中，数据的维度有时会很高，给我们处理和描述都带来很大的不便，这个时候就需要进行降维操作。

我们仍然列举代码来讲解这个知识点。首先声明一个二维NumPy列表对象，代码及运行结果如图3-47所示。

```
1  arr = np.array([[1,100,1000],[2,200,2000],[3,300,3000]])
2  arr

array([[   1,  100, 1000],
       [   2,  200, 2000],
       [   3,  300, 3000]])
```

图3-47　声明一个二维NumPy列表对象

关于降维操作，NumPy提供了非常便利的函数，直接使用即可。第一种降维方法，代码及运行结果如图3-48所示。

```
1  ## 默认排序的降维
2  arr.ravel()

array([   1,  100, 1000,    2,  200, 2000,    3,  300, 3000])
```

图3-48　降维方法

在上述例子中，我们看到了NumPy列表对象arr从一个二维对象变成一维对象，并且其排序的顺序是首尾相连的，可以实现这个功能的还有以下两个方法：

第一个方法是使用reshape()函数，它是重置形状的函数，代码及运行结果如图3-49所示。

```
1  arr.reshape(-1)
```
```
array([   1,  100, 1000,    2,  200, 2000,    3,  300, 3000])
```

图3-49　重置形状的函数

在图3-49所示中，我们看到只需要把reshape()函数中的参数传入-1就可以实现降维的操作了，这也是固定的操作。

第二种方法是使用flatten()函数来实现，其代码及运行结果如图3-50所示。

```
1  arr.flatten()
```
```
array([   1,  100, 1000,    2,  200, 2000,    3,  300, 3000])
```

图3-50　使用flatten()函数降维的代码及运行结果

flatten()函数实现的也是降维操作。那么我们能不能改变排序模式呢？答案是当然可以。下面我们来讲解改变排序模式的降维操作，首先使用ravel()函数来实现，ravel()函数中的order参数，只需要给这个参数赋上值就可以实现排序了，代码及运行结果如图3-51所示。

```
1  arr.ravel(order="F")
```
```
array([   1,    2,    3,  100,  200,  300, 1000, 2000, 3000])
```

图3-51　给参数赋值

这里的排序方式变成按照元素的大小进行排列，那么同样的道理，我们使用reshape()函数和flatten()函数也可以实现同样的效果。reshape()函数实现效果和flatten()函数实现效果如图3-52和图3-53所示。

```
1  arr.reshape(-1,order="F")
```
```
array([   1,    2,    3,  100,  200,  300, 1000, 2000, 3000])
```

图3-52　reshape()函数实现效果

```
1  arr.flatten(order="F")
```
```
array([   1,    2,    3,  100,  200,  300, 1000, 2000, 3000])
```

图3-53　flatten()函数实现效果

以上就是降维操作，那么降维后的访问、更新等操作就与我们之前所学习的内容相同了。

3.8　堆叠运算

堆叠运算，顾名思义就是把两个符合某种规律的NumPy对象堆叠在一起，变成一个

NumPy 对象，其实它就是数据的合并操作。

现在让我们来分别声明两个 NumPy 对象，第一个对象声明的代码及运行结果如图 3-54 所示。

```
1  arr1 = np.array([[1,100,1000],[2,200,2000],[3,300,3000]])
2  arr1
array([[   1,  100, 1000],
       [   2,  200, 2000],
       [   3,  300, 3000]])
```

图 3-54　第一个对象声明的代码及运行结果

第二个对象声明的代码及运行结果如图 3-55 所示。

两个对象 arr1 和 arr2 中，arr1 是二维对象 3 行 3 列，而 arr2 是一维对象 1 行 3 列。

我们先来操作一下纵向堆叠，这里使用 vstack() 函数即可完成，代码及运行结果如图 3-56 所示。

```
1  arr2 = np.array([1,2,3])
2  arr2
array([1, 2, 3])
```

图 3-55　第二个对象声明的代码及运行结果

```
1  ## 纵向堆叠
2  np.vstack([arr1,arr2])
array([[   1,  100, 1000],
       [   2,  200, 2000],
       [   3,  300, 3000],
       [   1,    2,    3]])
```

图 3-56　纵向堆叠实现方法（一）

从运行结果中我们看到，arr2 在 arr1 的底部堆叠在了一起，使数据多了一行，也就是从列的角度堆叠在一起了，所以也叫纵向堆叠。纵向堆叠的另一种实现方法，代码及运行结果如图 3-57 所示。

这里我们使用了 row_stack() 函数完成了纵向堆叠的操作，它与 vstack() 函数的功能是一模一样的，所以使用哪个都可以。

我们学会了纵向堆叠，现在来学习一下横向堆叠。这里需要重新声明一个新的 NumPy 列表对象，代码及运行结果如图 3-58 所示。

```
1  np.row_stack([arr1,arr2])
array([[   1,  100, 1000],
       [   2,  200, 2000],
       [   3,  300, 3000],
       [   1,    2,    3]])
```

图 3-57　纵向堆叠实现方法（二）

```
1  arr3 = np.array([[5],[6],[7]])
2  arr3
array([[5],
       [6],
       [7]])
```

图 3-58　重新声明一个新的 NumPy 列表对象的
代码及运行结果

在图 3-58 所示声明了 arr3，它的形状是 3 行 1 列，注意这个形状。现在把 arr1 和 arr3 进行横向堆叠操作，代码及运行结果如图 3-59 所示。

注意：这里的运行结果是把 arr3 中的数据放在了 arr1 的后边，每一行数据增加了一个元素，所以叫作横向堆叠。

横向堆叠也有另一种实现方法，代码及运行结果如图 3-60 所示。

```
1 ## 横向堆叠
2 np.hstack([arr1,arr3])
```
```
array([[   1,  100, 1000,    5],
       [   2,  200, 2000,    6],
       [   3,  300, 3000,    7]])
```
图 3-59　横向堆叠实现方法（一）

```
1 np.column_stack([arr1,arr3])
```
```
array([[   1,  100, 1000,    5],
       [   2,  200, 2000,    6],
       [   3,  300, 3000,    7]])
```
图 3-60　横向堆叠实现方法（二）

在图 3-60 所示中使用了 column_stack() 函数解决横向堆叠的问题。由于其作用与 hstack() 函数相同，所以用哪个都可以。

3.9　广播运算

这一节我们要学习的主要内容是 NumPy 的广播运算，先不解释广播的含义，仍然从例子中去感受一下这个过程，然后就明白其运算规则了。

首先来声明两个维度一致的 NumPy 列表对象，声明第一个 NumPy 列表对象，代码及运行结果如图 3-61 所示，声明第二个 NumPy 列表对象，代码及运行结果如图 3-62 所示。

```
1 arr1 = np.arange(12).reshape(3,4)
2 arr1
```
```
array([[ 0,  1,  2,  3],
       [ 4,  5,  6,  7],
       [ 8,  9, 10, 11]])
```
图 3-61　声明第一个 NumPy 列表对象

```
1 arr2 = np.arange(101,113).reshape(3,4)
2 arr2
```
```
array([[101, 102, 103, 104],
       [105, 106, 107, 108],
       [109, 110, 111, 112]])
```
图 3-62　声明第二个 NumPy 列表对象

再将 arr1 和 arr2 相加，代码及运行结果如图 3-63 所示。

此结果并不是广播运算，原因是其维度是一致的。这是一个反向的例子，就是一个普通的相加运算。

那么什么才算是广播运算呢？我们再来声明两个 NumPy 的列表对象，注意观察维度，先声明第一个，代码及运行结果如图 3-64 所示。

注意： arr1 的维度是一个三维的数据。

然后声明第二个 NumPy 的列表对象，代码及运行结果如图 3-65 所示。

在图 3-65 中，arr2 是一个二维的数据。关于 arr1，可以把它想象成是一个长 4 宽 3 高 5 的立方体；而 arr2 就是一个平面，因为它是一个二维数据，可理解成长 4 宽 3，这时 arr1 和 arr2 的长和宽是相等的。也就是说，arr2 可以理解成是 arr1 的一个面，现在对两个对象相加，看一下它的结果，代码及运行结果如图 3-66 所示。

```
1  arr1 = np.arange(60).reshape(5,4,3)
2  arr1
```

```
array([[[ 0,  1,  2],
        [ 3,  4,  5],
        [ 6,  7,  8],
        [ 9, 10, 11]],

       [[12, 13, 14],
        [15, 16, 17],
        [18, 19, 20],
        [21, 22, 23]],

       [[24, 25, 26],
        [27, 28, 29],
        [30, 31, 32],
        [33, 34, 35]],

       [[36, 37, 38],
        [39, 40, 41],
        [42, 43, 44],
        [45, 46, 47]],

       [[48, 49, 50],
        [51, 52, 53],
        [54, 55, 56],
        [57, 58, 59]]])
```

```
1  arr1 + arr2
```

```
array([[101, 103, 105, 107],
       [109, 111, 113, 115],
       [117, 119, 121, 123]])
```

图 3-63　将 arr1 和 arr2 相加

图 3-64　声明第一个 NumPy 的列表对象

```
1  arr1 + arr2
```

```
array([[[ 0,  2,  4],
        [ 6,  8, 10],
        [12, 14, 16],
        [18, 20, 22]],

       [[12, 14, 16],
        [18, 20, 22],
        [24, 26, 28],
        [30, 32, 34]],

       [[24, 26, 28],
        [30, 32, 34],
        [36, 38, 40],
        [42, 44, 46]],

       [[36, 38, 40],
        [42, 44, 46],
        [48, 50, 52],
        [54, 56, 58]],

       [[48, 50, 52],
        [54, 56, 58],
        [60, 62, 64],
        [66, 68, 70]]])
```

```
1  arr2 = np.arange(12).reshape(4,3)
2  arr2
```

```
array([[ 0,  1,  2],
       [ 3,  4,  5],
       [ 6,  7,  8],
       [ 9, 10, 11]])
```

图 3-65　声明第二个 NumPy 的列表对象

图 3-66　对两个对象相加

观察图 3-66 所示的结果，首先这个结果是三维数据。出现这个结果的运算规则是把 arr2 看作是 arr1 的一个面，这个面跟 arr1 的一个面一一对应进行运算，运算完毕后，再逐渐向后传播，这就是广播运算的含义。

　　其规则为：维数不一致，一个是三维，另一个是二维，但其末尾的维度值是一致的，这样就能广播了。

　　理解这个需要有一点立体思维，可以仔细对照结果思考后就能理解了。

　　理解了上述的例子，后面的就更好理解了，重新声明两个对象，先声明第一个，仍然是arr1，代码及运行结果如图3-67所示。

　　这里的代码并没有变化，我们接着声明第二个，代码及运行结果如图3-68所示。

```
1  arr1 = np.arange(60).reshape(5,4,3)
2  arr1
```

```
array([[[ 0,  1,  2],
        [ 3,  4,  5],
        [ 6,  7,  8],
        [ 9, 10, 11]],

       [[12, 13, 14],
        [15, 16, 17],
        [18, 19, 20],
        [21, 22, 23]],

       [[24, 25, 26],
        [27, 28, 29],
        [30, 31, 32],
        [33, 34, 35]],

       [[36, 37, 38],
        [39, 40, 41],
        [42, 43, 44],
        [45, 46, 47]],

       [[48, 49, 50],
        [51, 52, 53],
        [54, 55, 56],
        [57, 58, 59]]])
```

```
1  arr2 = np.arange(4).reshape(4,1)
2  arr2
```

```
array([[0],
       [1],
       [2],
       [3]])
```

图3-67　声明第一个对象　　　　　　图3-68　声明第二个对象

　　图3-68所示的arr2的形状是4行1列。现在来想象一下4行1列的数据，我们可以把它想象成arr1立方体的一个边。下面来看一下这两个对象相加的结果，代码及运行结果如图3-69所示。

　　这里，我们把arr2当作一条边，这条边会遍历这个立方体，然后进行相加。这也是一种广播运算。

　　接下来看第三种情况，仍然是声明两个NumPy列表对象。先声明第一个，代码及运行结果如图3-70所示，其中arr1是一个二维的数据，将它想象成一个平面，再来声明第二个，代码及运行结果如图3-71所示。

　　在图3-71中的arr2，将其想象成是arr1的一个边，arr1就是一个一维数据。把它们两个进行相加，代码及运行结果如图3-72所示。

```
1  arr1+arr2
```

```
array([[[ 0,  1,  2],
        [ 4,  5,  6],
        [ 8,  9, 10],
        [12, 13, 14]],

       [[12, 13, 14],
        [16, 17, 18],
        [20, 21, 22],
        [24, 25, 26]],

       [[24, 25, 26],
        [28, 29, 30],
        [32, 33, 34],
        [36, 37, 38]],

       [[36, 37, 38],
        [40, 41, 42],
        [44, 45, 46],
        [48, 49, 50]],

       [[48, 49, 50],
        [52, 53, 54],
        [56, 57, 58],
        [60, 61, 62]]])
```

图3-69　两个对象相加的结果

```
1  arr1 = np.arange(12).reshape(4,3)
2  arr1
```

```
array([[ 0,  1,  2],
       [ 3,  4,  5],
       [ 6,  7,  8],
       [ 9, 10, 11]])
```

图3-70　声明第一个对象

```
1  arr2 = np.array([1,2,3])
2  arr2
```

```
array([1, 2, 3])
```

图3-71　声明第二个对象

```
1  arr1 + arr2
```

```
array([[ 1,  3,  5],
       [ 4,  6,  8],
       [ 7,  9, 11],
       [10, 12, 14]])
```

图3-72　相加后的结果

如图3-72所示为arr2这条边依次从上到下广播相加了一遍，得到的结果。

学习了上述内容，对广播运算的基本规律应有所理解，我们只要把它们对应地想象成一些图形就好理解了。

第4章
Matplotlib 数据可视化

4.1 销售额走势的折线图

4.1.1 环境安装及引入

在正式绘制图形之前，我们先来介绍一下环境问题，有以下三种情况：

（1）若使用 Python 环境，则在命令行中输入安装命令 pip install matplotlib 进行安装。

（2）若使用 Anaconda 环境，就不用再安装了，因为此环境自带了 Matplotlib 库。

（3）在 Jupyter Notebook 环境中使用安装命令 !pip install matplotlib。注意这里的叹号不能省略。

在环境安装完毕之后，第一步是引入我们所需要的库，一般在做数据分析类的项目时，都会提前引入三个库，分别为 NumPy、Pandas 和 Matplotlib，代码及运行结果如图4-1所示。

注意在图4-1中显示 Matplotlib 叫作 plt，Pandas 叫作 pd，Numpy 叫作 np。这个名字是默认的。

在代码文件中有一个 Excel 数据文件，叫作"折线图.xlsx"。我们使用这个数据进行折线图绘制，这里模拟了真实的工作场景，用真实的数据做图。

首先读取数据，代码及运行结果如图4-2所示。

```
1  data = pd.read_excel('折线图.xlsx')
2  data.head()
```

	日期	总销售额	FBA销售额	自配送销售额
0	42964	3211.87	1596.16	1615.71
1	42965	3376.35	1777.65	1598.70
2	42966	3651.55	2304.97	1239.75
3	42967	2833.74	1431.51	1402.23
4	42968	3232.76	1568.85	1663.91

```
1  ## 库的引入
2  import matplotlib.pyplot as plt
3  import pandas as pd
4  import numpy as np
```

图4-1　引入第三方库　　　　　　　　图 4-2　读取数据

4.1.2　Excel 中整数日期的处理

在工作中你有可能遇到这样的情况：日期一列的数据是一个整数的数字。可以先思考一下为什么会出现这种问题？

这里，先把日期这一列数据转换成为正常的日期格式，再来解释为什么会出现这种问题，代码及运行结果如图 4-3 所示。

```
1  data['日期'] = pd.to_datetime(data['日期']-2
2                          ,unit='d'
3                          ,origin=pd.Timestamp('1900-01-01'))
4  data.head()
```

	日期	总销售额	FBA销售额	自配送销售额
0	2017-08-17	3211.87	1596.16	1615.71
1	2017-08-18	3376.35	1777.65	1598.70
2	2017-08-19	3651.55	2304.97	1239.75
3	2017-08-20	2833.74	1431.51	1402.23
4	2017-08-21	3232.76	1568.85	1663.91

图4-3　日期格式处理的代码及运行结果

代码解释：首先我们来看一下 to_datetime() 函数的作用，就是把某一列数据转变成日期格式，我们使用了以下三个参数：

（1）data['日期']-2：它的含义是选定某一列，我们要改变的就是这一列的值。

（2）unit：时间单位，指的是第一个参数是用什么样的时间单位来计时的，我们把这个值设为 'd'，d 就是天的意思，指的是按天来计时。

（3）origin：从什么时候开始计时的。我们把这个参数的值设置成为 pd.Timestamp('1900-01-01')，这个意思是从 1900 年 1 月 1 日开始，然后把这个值转变成一个时间戳格式，也就是一个整数的数字，跟整数日期是一样的。

综上所述，to_datetime() 函数实现的整体意义就是：现在把 data['日期'] 这一列转变为时间格式，data['日期'] 这一列的数据现在表示的是从 1900 年 1 月 1 日开始，时间单位是天。使用 to_datetime() 函数就会把它转换成时间格式了。

现在再来讲解为什么在代码中把 to_datetime() 这一列的值减 2，表示成为 data['日期']-2 这种形式。下面举两个例子：

第一个例子：

（1）打开 Excel，在任意单元格中存储 1900-01-01 这样的日期格式；

（2）把这个单元格中存储的日期格式转变成数值格式。

你发现了什么？是不是 1900 年 1 月 1 日这个日期格式单元格中的值变成了 1。

这就说明，在 Excel 中，所有的日期格式在变为数值格式的时候，日期是从 1900 年 1 月 1 日开始算起，而 1900 年 1 月 1 日这一天的数值就是 1。

所以，如果当我们计算 1900 年 1 月 2 日表示有多少天的时候，数值不应该是 2，而是 2-1=1，因为 1900 年 1 月 1 日的数值表示为 1，如果表示为 0 就不需要减掉这个 1 了。

同样的道理，无论我们在 Excel 中计算某个日期有多少天时，都需要减 1。

这里了解了需要减 1 的原理，那么我们为什么要减 2 呢。

第二个例子：

（1）在 Excel 中的任意单元格上输入日期格式 1900-02-29；

（2）把这个日期格式变成数值格式。

这时你发现了什么？这个数字变成 60，好像看起来没有什么问题。

此时我们打开搜索引擎，查看日历，看一下 1900 年 2 月有多少天，就会发现 1900 年的 2 月有 28 天。也就是说 1 月有 31 天，2 月有 28 天，加起来应该是 59 天才对，而在 Excel 中却表示成了 60。也就是说，Excel 一直存在着一个 Bug，它把 1900 年 2 月的日期计算错了，多算了一天。

这个 Bug 在以后实际工作中处理问题时需要多注意。

此时，最终的结论就出来了，我们在 Excel 中处理整数格式日期的时候，需要减去两天，其中一天是 1900 年 1 月 1 日这一天，另外一天是 1900 年 2 月多出来的这一天。所以我们在传入参数的时候就变成了 data['日期']-2 这种形式。

4.1.3 绘制简单折线图

在数据处理完成之后，可绘制折线图，折线图在数据可视化中应用得非常广泛，通常用来观察数据走势。现在来绘制一个简单的折线图，代码及运行结果如图 4-4 所示。

我们先来解释一下函数及参数的意义，然后处理 x 轴日期数据重复的问题。

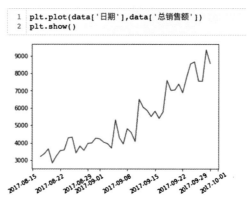

图 4-4　绘制简单折线图的代码及运行结果

绘制折线图的函数是 plot()，只需要调用它，然后填入相应的参数就可以完成。这里使用了两个参数，这两个参数也同样是必须参数，不可缺少。

第一个参数：data[' 日期 ']，这个数据代表 x 轴的数值。

第二个参数：data[' 总销售额 ']，这个数据代表 y 轴的数据。

也就是说在 plot() 函数中，第一个需要填写的是 x 轴的数值，第二个数据填写的是 y 轴的数值，这样就把简单的折线图画出来了。

4.1.4　解决 x 轴刻度重叠问题

现在我们来解决 x 轴刻度重叠的问题，只需要加入一行代码就可以解决这个问题，代码及运行结果如图 4-5 所示。

图 4-5 所示中第一行代码中，xticks() 表示要修改 x 轴刻度上的样式或属性。其中参数 rotation 代表的是倾斜的角度，只需要把这个属性设置成一个数字，x 轴的刻度值就会对应要设置的角度。这里设置的是 30，也就是 x 轴刻度的角度倾斜为 30°。

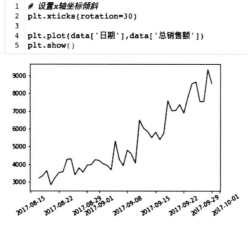

图 4-5　解决 x 轴刻度重叠问题的代码及运行结果

4.1.5　调整画布大小问题

如果图形显示在 Jupyter Notebook 中的大小不是特别合适，那么如果想要看清楚图形，就需要进行图形大小的调整。下面的代码同时执行了两个操作，第一个操作是改变图形的大小，第二个操作是改变折线图中线的颜色，代码及执行结果如图4-6所示。

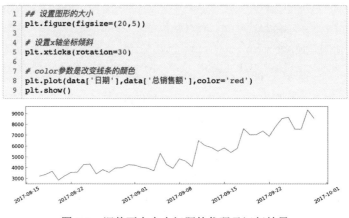

图4-6　调整画布大小问题的代码及运行结果

可以看到经过plt.figure(figsize=(20,5))的代码设置，首先改变了图形的大小，其中figure()表示改变画布的属性。参数figsize是设置画布大小。注意，它的值是元组类型，里边的两个数字代表宽和高。

再来看plot()函数里边的参数color，这个很好理解，它的意思就是改变线条的颜色，如果把值设置成red，线条就变成红色。当然我们也可以设置成任意其他的颜色，只要写上对应的英文单词即可。

4.1.6　多项数据对比绘制折线图

在实际工作场景中，有的时候需要进行不同维度的数据比对，比如销售数据的同比增长、环比增长等情况，我们也可使用折线图表示场景数据。先来看一看如何使用plot()函数绘制多维度数据比对的折线图，以及在绘制中会遇到的问题。

首先绘制一个普通的折线图，代码及运行结果如图4-7所示。

```
1  ## 一个图上画多个线条
2  plt.figure(figsize=(20,5))
3
4  # 设置x轴坐标倾斜
5  plt.xticks(rotation=30)
6
7  # linewidth是控制线条的宽度
8  # marker是控制每一个坐标点上标记的样式
9  plt.plot(data['日期'],data['总销售额']
10         ,color='red',linewidth=2,marker='*')
11
12 plt.show()
```

图4-7　多项数据对比绘制折线图的代码及运行结果

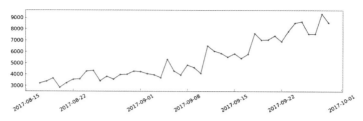

图4-7　多项数据对比绘制折线图的代码及运行结果（续）

注意： 将linewidth这个参数的值设置成2，这个2代表的是像素值，也就是线条的宽度。

其中，Marker就是 x 轴的标记点与 y 轴相交位置的标记样式，如图4-8所示为marker参数所支持的值。

接下来继续绘制多线条的折线图，代码及运行结果如图4-9所示。

这里新增了一个linestyle参数，用来控制线条样式，可以看到图4-9中的三条线的样式都不同。参数linestyle所支持值的代码如图4-10所示。

然后为 x 轴和 y 轴添加说明，便于读者对图的理解，代码如图4-11所示。

```
**Markers**

=============    ===============================
character        description
=============    ===============================
``'.'``          point marker
``','``          pixel marker
``'o'``          circle marker
``'v'``          triangle_down marker
``'^'``          triangle_up marker
``'<'``          triangle_left marker
``'>'``          triangle_right marker
``'1'``          tri_down marker
``'2'``          tri_up marker
``'3'``          tri_left marker
``'4'``          tri_right marker
``'s'``          square marker
``'p'``          pentagon marker
``'*'``          star marker
``'h'``          hexagon1 marker
``'H'``          hexagon2 marker
``'+'``          plus marker
``'x'``          x marker
``'D'``          diamond marker
``'d'``          thin_diamond marker
``'|'``          vline marker
``'_'``          hline marker
=============    ===============================
```

图4-8　Marker的参数值

```
1  ## 一个图上画多个线条
2  plt.figure(figsize=(20,5))
3
4  # 设置x轴坐标倾斜
5  plt.xticks(rotation=30)
6
7  # linewidth是控制线条的宽度
8  # marker是控制每一个坐标点上标记的样式
9  # linestyle是控制线的样式
10 plt.plot(data['日期'],data['总销售额'],color='red',linewidth=2,marker='*')
11 plt.plot(data['日期'],data['自配送销售额'],color='green',marker='o',linestyle=':')
12 plt.plot(data['日期'],data['FBA销售额'],color='blue',linestyle='--')
13
14 plt.show()
```

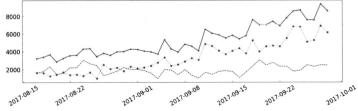

图4-9　绘制多线条折线图的代码及运行结果

```
**Line Styles**

===============    ========================
character         description
===============    ========================
``'-'``           solid line style
``'--'``          dashed line style
``'-.'``          dash-dot line style
``':'``           dotted line style
===============    ========================
```

图4-10　参数 linestyle 支持值的代码

```
1  ## 一个图上画多个线条
2  plt.figure(figsize=(20,5))
3
4  # 设置x轴坐标倾斜
5  plt.xticks(rotation=30)
6
7  # linewidth是控制线条的宽度
8  # marker是控制每一个坐标点上标记的样式
9  # linestyle是控制线的样式
10 plt.plot(data['日期'],data['总销售额'],color='red',linewidth=2,marker='*')
11 plt.plot(data['日期'],data['自配送销售额'],color='green',marker='o',linestyle=':')
12 plt.plot(data['日期'],data['FBA销售额'],color='blue',linestyle='--')
13
14 # 设置x轴和y轴的说明
15 plt.xlabel('时间')
16 plt.ylabel('销售额')
17 plt.show()
```

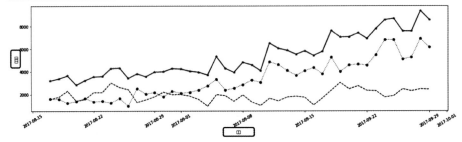

图4-11　为 x 轴和 y 轴添加说明

这里我们使用 xlabel() 函数和 ylabel() 函数为 x 轴和 y 轴添加文字说明，但需要注意图 4-11 中画框线的地方，这两处应该显示的是"时间"和"销售额"，但实际情况却显示了几个方框，这说明出现乱码了。

为了解决乱码的问题，需要额外加入字体设置，代码如图 4-12 所示。

我们在代码的顶端加入如下代码：

```
## 解决中文显示问题
## SimHei是具体的字体,size是字体的大小
font = {'family':'SimHei',
        "size":"20"}
plt.rc('font',**font)
```

经过这样的设置后，看到中文可以正常显示了，图 4-12 就是最终形成的图形样式。

```
1  ## 解决中文显示问题
2  font = {'family':'SimHei',
3          "size":"20"}
4  plt.rc('font',**font)
5  ## 一个图上画多个线条
6  plt.figure(figsize=(20,5))
7
8  # 设置x轴坐标倾斜
9  plt.xticks(rotation=30)
10
11 # linewidth是控制线条的宽度
12 # marker是控制每一个坐标点上标记的样式
13 # linestyle是控制线的样式
14 plt.plot(data['日期'],data['总销售额'],color='red',linewidth=2,marker='*')
15 plt.plot(data['日期'],data['自配送销售额'],color='green',marker='o',linestyle=':')
16 plt.plot(data['日期'],data['FBA销售额'],color='blue',linestyle='--')
17
18
19 # 设置x轴和y轴的说明
20 plt.xlabel('时间')
21 plt.ylabel('销售额')
22 plt.show()
```

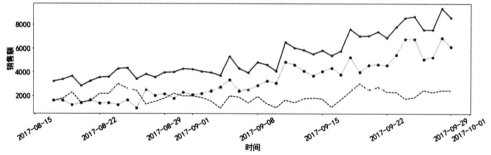

图 4-12　解决中文显示出现乱码的问题

4.2　长尾分布的柱状图

4.2.1　简单柱状图

柱状图是在工作中常用的一种图形，所有图形的绘制都是非常简单的，关键在于

如何修饰它。首先我们来获取本节所需要的数据"长尾分布 .xlsx",下面就用它来进行练习。

首先使用 Pandas 读取数据,代码及运行结果如图 4-13 所示。

在获取到数据之后,只需要以下两行代码就可以轻松绘制一个柱状图,如图 4-14 所示。

```
1  data = pd.read_excel('长尾分布.xlsx')
2  data.head()
```

	排序	销量
0	1	16000
1	2	15000
2	3	5500
3	4	5000
4	5	4951

图 4-13　使用 Pandas 读取"长尾分布"的数据

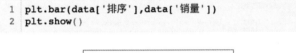

```
1  plt.bar(data['排序'],data['销量'])
2  plt.show()
```

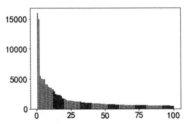

图 4-14　绘制柱状图的代码及运行效果

4.2.2　边框颜色与隐藏问题

在图 4-14 中,我们看到这个图有一点别扭,在工作中,有时候柱状图的展示是不需要全部边框的,那么怎么解决这个问题呢? 下面一起看一下编写的代码。

在图 4-15 所示的代码中,直接改变图片的大小以及添加 x 轴和 y 轴的标签说明,代码含义在 4.2.1 中已经解释过了,这里不再赘述。

对于我们来说,设置边框颜色是新的知识点,在边框颜色中,如果想要隐藏边框,可以把边框设置成白色。

另外,关于中文显示问题,这里并没有明显地加入解决中文显示问题的代码,原因是在 4.2.1 节的讲解中已经加入过这段代码,所以当代码位于同一个代码编辑文件中,解决中文显示问题的代码只写一次就可以了。

注意： 在设置边框的颜色中，一定要先加入 ax=plt.gca() 这行代码，在获取了边框对象之后才能对边框属性进行设置。

```
 1  plt.figure(figsize=(20,5))
 2  plt.bar(data['排序'],data['销量'])
 3  # 设置边框的颜色
 4  ax = plt.gca()
 5  # 修改右边边框的颜色
 6  ax.spines['right'].set_color('white')
 7  # 修改左侧边框的颜色
 8  ax.spines['left'].set_color('orange')
 9  # 修改顶部边框颜色
10  ax.spines['top'].set_color('yellow')
11  # 修改底部边框颜色
12  ax.spines['bottom'].set_color('purple')
13  plt.xlabel('店家排序')
14  plt.ylabel('店家销量')
15  plt.show()
```

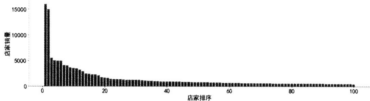

图 4-15　解决边框的代码及运行结果

4.2.3　刻度显示问题

在图 4-15 所示的代码和运行结果中，若仔细观察，则还会发现一个问题，即在 x 轴中显示的 0 是有一定距离的，这并不符合我们的绘制习惯，下面就来解决这个问题。

需要将 x 轴的刻度值设置成 data 的索引值即可，第 0 个元素（我们在编程时，习惯将第 1 个元素看成是第 0 个元素，因为索引排序都是从 0 开始的）作为 x 轴刻度值的开始，最后一个元素作为 x 轴刻度值的结束。具体代码如下：

```
# 这是设置x轴的刻度，第一个参数为最小值，第二个参数为最大值
plt.xlim(data.index.values[0],data.index.values[-1])
```

同时还观察到 y 轴的顶部存有一个空隙，如图 4-16 所示。

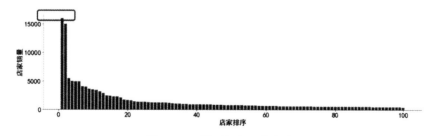

图 4-16　y 轴顶部有一个空隙

可以通过设置y轴的刻度消除这一段空隙的值，只需要把销量中的最小值和最大值设置成y轴的刻度范围即可，代码如下：

```
# 设置y轴的刻度,第一个参数为最小值,第二个参数为最大值
plt.ylim(np.min(data['销量']),np.max(data['销量']))
```

经过改动后，运行代码后如图4-17所示。

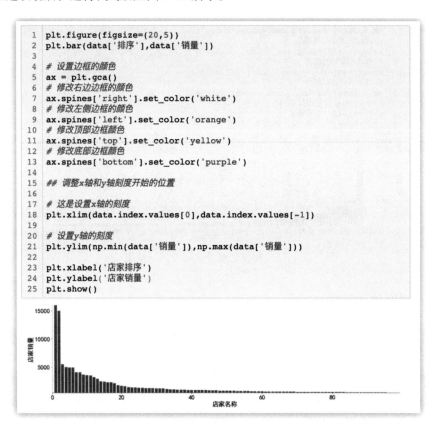

图4-17　消除顶部空隙的代码及运行结果

这样我们就完成了柱状图的绘制和一些基本的设置，当然还可以根据自己喜欢的颜色设置。在实际应用中，颜色一般是按照企业的主题色进行设置的。

4.3　躺着的柱状图就是条形图

条形图与柱状图非常相似，所有的设置都是一样的，首先我们来看一下简单条形图的绘制，数据仍然是使用上一节中已经获取的数据，所以这里不再重复获取数据的步骤了，直接看代码，如图4-18所示。

```
1  plt.barh(data['排序'],data['销量'])
2  plt.show()
```

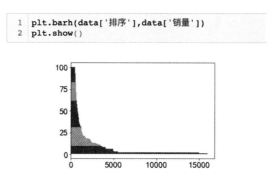

图4-18　绘制条形图的代码及运行结果

条形图与柱状图代码的区别是，柱状图使用bar()函数来绘制，而条形图使用barh()函数来绘制。

下面我们把柱状图中的所有设置放在条形图中运行，代码及运行结果如图4-19所示。

```
1   plt.figure(figsize=(20,5))
2   plt.barh(data['排序'],data['销量'])
3
4   # 设置边框的颜色
5   ax = plt.gca()
6   # 修改右边边框的颜色
7   ax.spines['right'].set_color('white')
8   # 修改左侧边框的颜色
9   ax.spines['left'].set_color('orange')
10  # 修改顶部边框颜色
11  ax.spines['top'].set_color('yellow')
12  # 修改底部边框颜色
13  ax.spines['bottom'].set_color('purple')
14
15  ## 调整x轴和y轴刻度开始的位置
16  # 这是设置x轴的刻度
17  plt.xlim(np.min(data['销量']),np.max(data['销量']))
18  # 这是设置y轴的刻度
19  plt.ylim(data.index.values[0],data.index.values[-1])
20  plt.xlabel('店家销量')
21  plt.ylabel('店家排序')
22  plt.show()
```

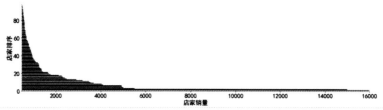

图4-19　将柱状图的设置放在条形图中的代码及运行结果

注意： 图4-19中代码的第17~21行，柱状图与条形图关于x轴和y轴的刻度与标签显示是不同的。

59

4.4　说明占比的饼图

4.4.1　基本饼图

饼图在日常工作中会经常用到，主要是用来说明占比的图形。那么如何使用 Python 代码来进行绘制呢？

首先获取数据，就是之前使用过的"折线图.xlsx"文件，代码如图4-20所示。

```
1  ## 饼图是显示比例最方便的图形
```

```
1  data = pd.read_excel('折线图.xlsx')
2  data.head()
```

	日期	总销售额	FBA销售额	自配送销售额
0	42964	3211.87	1596.16	1615.71
1	42965	3376.35	1777.65	1598.70
2	42966	3651.55	2304.97	1239.75
3	42967	2833.74	1431.51	1402.23
4	42968	3232.76	1568.85	1663.91

图4-20　获取绘制基本饼图的数据

先绘制一个简单的饼图，再来说明数据的加工问题，从图4-21所示的代码中可以看出饼图的绘制使用了 pie() 函数，其参数 [1,2,3] 就是数据，从这个数据中可以看出：第一这个数据是一个整数类型的列表，第二这个数据其实就是占据饼图中的具体比例。

```
1  # 简单饼图绘制
2  plt.pie([1,2,3])
3  plt.show()
```

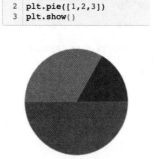

图4-21　简单饼图绘制的代码及运行结果

也就是说，如果想要把某些数据的比例显示出来，就要把这个数据的具体值计算出来。

4.4.2　饼图的数据计算

下面我们结合数据分别来计算上述三个销售额的和，再把这三个计算后的值放在一个列表中，最后把这个列表类型的变量给到 pie() 函数里，这样就完成了饼图的绘制。

在图4-22所示的例子中，我们使用了NumPy中的sum()函数，可以很便捷地计算出任意一列数据的和。

经过前面的学习，我们已经掌握了饼图的数据构造和基本饼图的绘制方法。

```
1  # 计算3个销售额的求和值
2  sum_sale = np.sum(data['总销售额'])
3  fba_sale = np.sum(data['FBA销售额'])
4  self_sale = np.sum(data['自配送销售额'])
5  data_list = [sum_sale,fba_sale,self_sale]
6  plt.pie(data_list)
7  plt.show()
```

图4-22　计算三个销售额的求和值的代码及运行结果

但在上面的例子中，这样的饼图肯定不是我们想要的，因为它仅仅是一个饼图，并没有任何图形说明。因此将在4.4.3节讲解如何添加图形说明。

4.4.3　丰富饼图属性

我们在之前的饼图中并不知道哪个颜色代表着哪个数据，下面就来解决这个问题。代码及运行结果如图4-23所示。

```
1   # 计算3个销售额的求和值
2   sum_sale = np.sum(data['总销售额'])
3   fba_sale = np.sum(data['FBA销售额'])
4   self_sale = np.sum(data['自配送销售额'])
5   data_list = [sum_sale,fba_sale,self_sale]
6   # 添加数据label说明
7   labels=['总销售额','FBA销售额','自配送销售额']
8   plt.pie(data_list
9           ,labels=labels)
10  plt.show()
```

图4-23　添加图形说明的代码及运行结果

可以看到这个字显示太大了，原因是在最早的时候设置了字体大小为20，可以单独即可修改字体的大小，如图4-24所示。

```
1   # 计算3个销售额的求和值
2   sum_sale = np.sum(data['总销售额'])
3   fba_sale = np.sum(data['FBA销售额'])
4   self_sale = np.sum(data['自配送销售额'])
5   data_list = [sum_sale,fba_sale,self_sale]
6   # 添加数据label说明
7   labels=['总销售额','FBA销售额','自配送销售额']
8   # 单独修改字体大小
9   plt.rcParams.update({"font.size":12})
10  plt.pie(data_list
11          ,labels=labels)
12  plt.show()
```

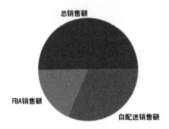

图4-24　修改字体大小的代码及运行结果

具体解决方法是在代码中添加 "plt.rcParams.update({ "font.size": 12})" 即可，有可能在以后的工作中还会看到其他改变字体的代码写法，有可能它们都是正确的。

现在让我们继续向下学习，这一次将会改变很多属性设置，这里做了几项设置，包括图形颜色、图形阴影、距离、数字百分比、图形倾斜、图形凸显，关于这几项设置的解释说明如图4-25所示。

```
1   sum_sale = np.sum(data['总销售额'])
2   fba_sale = np.sum(data['FBA销售额'])
3   self_sale = np.sum(data['自配送销售额'])
4   data_list = [sum_sale,fba_sale,self_sale]
5   labels=['总销售额','FBA销售额','自配送销售额']
6   # 单独修改字体大小
7   plt.rcParams.update({"font.size":12})
8   plt.pie(data_list,  # 这个数据
9           labels=labels, # 这个是数据的说明
10          colors=['red','blue','green'], # 这个是数据的颜色
11          shadow=True, # 这个是是否有阴影
12          labeldistance=1.1,  #这个是label距离图形的距离
13          autopct='%.2f%%', # 这个是百分比的显示格式
14          startangle=150,  #这个是图形的倾斜角度
15          explode = [0,0,0.1] # 这个是哪一个部分凸显出来
16          )
17
18  plt.show()
```

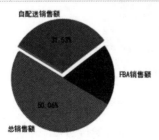

图4-25　添加多个图形属性的代码及运行结果

关于每一项设置的效果验证，可以先把任意一个参数的代码注释掉，再运行代码即可看到图形的变化了。

4.5　观察分布的散点图

4.5.1　普通散点图

这一节我们的目标是首先绘制出普通的散点图，然后在这个散点图上做一些修饰，掌握一些属性设置。

首先获取本节练习所需要的数据，在数据文件中会看到一个叫作"气泡图.xlsx"的文件，这里存储了本节练习的数据。我们先读取数据，代码及数据如图 4-26 所示。

然后使用 scatter() 函数绘制简单的散点图，代码如图 4-27 所示。

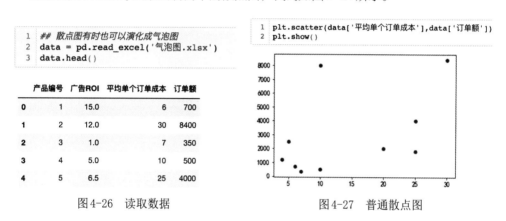

图 4-26　读取数据　　　　　　　　图 4-27　普通散点图

在散点图中，使用了两个参数，第一个参数 data['平均单个订单成本'] 代表 x 轴的数据，第二个参数 data['订单额'] 代表 y 轴的数据，因此在图中所展示的每一个点就是这两个数值的交汇处。

4.5.2　由散点图到气泡图的演变

气泡图也是散点图的一种，区别在于气泡图中的气泡有大有小，也就是散点图中的点的大小是可以控制的。

以这种思路来思考，结合我们过去所学习过知识点，可以使用散点图来表示四维数据，这些维度分别是 x 轴、y 轴、点的大小和点的颜色，这样就可以用一张图来做更详细的数据说明了。

下面看一下如何改变点的大小，在图 4-28 中加入了参数 s 来控制点的大小。点越大代表着在投放广告时的回报率越高。由于显示美观的问题，我们会把其中的元素值进行相应的放大或是缩小，就像图4-28中的例子一样，做了放大20倍的处理，这样可以让图中的点看起来更加明显。

```
1  plt.scatter(data['平均单个订单成本'],data['订单额']
2                ,s=data['广告ROI']*20   # 这个是控制点的大小
3                )
4  plt.show()
```

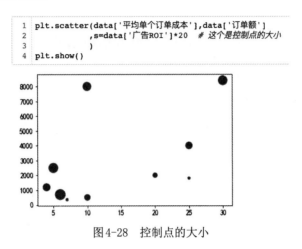

图4-28　控制点的大小

掌握了控制点的大小，我们再来看一看如何控制形状和颜色，如图4-29所示。

```
1  plt.scatter(data['平均单个订单成本'],data['订单额']
2                ,s=data['订单额']/10  # 这个是控制点的大小
3                ,marker='h'    # 这个是控制形状的
4                ,c=["#9AFF9A",'#FF7F00','#E066FF'
5                ,'#E066F1','#E066F4','#E066F7'
6                ,"#9AFF9A",'#FF7F00','#E066FF','#E066F1']
7                ) # 参数c是来控制颜色的
8  plt.show()
```

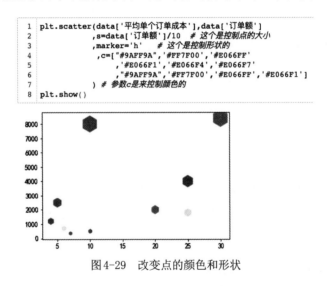

图4-29　改变点的颜色和形状

在上面的例子中，marker的默认值是o，这里把它的值改变成h，只是为了说明这个形状是可以改变的，在实际的工作中这一参数值做改变的情况不多，用圆形表示即可。

参数c在之前改变颜色的时候，用的是一个字符串类型的值表示，比如red、yellow等，这里把参数值设置成为十六进制的一个值，说明如果不知道如何用一个英文单词来表示颜色值的设置，就可以使用这样的十六进制值数来表示。

4.5.3　自开发 RGB 颜色生成器

这一小节专门来解释RGB值和如何自己动手开发一个RGB颜色生成器。

RGB色彩就是常说的光学三原色，R代表Red（红色），G代表Green（绿色），B代表Blue（蓝色）。也就是说，我们看到的任何颜色都是由这三种基本颜色构成的。

RGB颜色对照表其实是由数字0～9以及字母A～F组成的一个十六进制的数字，长度为6。在颜色值设置时我们需要在其最前方加一个"#"号。

下面就可以进行RGB颜色生成器的开发了，具体代码如图4-30所示。

```python
1  ## 颜色是RGB值构成的
2  ## RGB颜色对照表其实是有0到9以及字母A到F组成的16进制的一个数字
3  # 随机生成一个RGB颜色的函数
4  import random
5  def random_colors(numbers):
6      colors = []
7      number = 0
8      while number < numbers:
9          color_array = ['0','1','2','3','4','5'
10                        ,'6','7','8','9','A'
11                        ,'B','C','D','E','F']
12          color = ""
13          for i in range(6):
14              color += color_array[random.randint(0,len(color_array)-1)]
15          color = "#" + color
16          colors.append(color)
17          number += 1
18      return colors
19  colors = random_colors(10)
20  colors
```

```
['#6937DE',
 '#BBE9FA',
 '#C19E91',
 '#93C82C',
 '#18BB59',
 '#8FA9FD',
 '#B597F1',
 '#25255C',
 '#BBCC0C',
 '#518488']
```

图4-30　RGB颜色生成器代码

注意运行结果，在每一个颜色前边都带有一个"#"号，现在再来看一下如何使用这个自己开发的颜色生成器绘制气泡图，具体代码如图4-31所示。

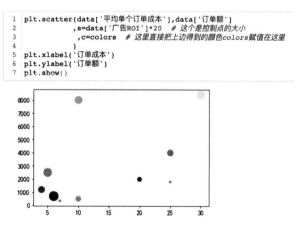

```python
1  plt.scatter(data['平均单个订单成本'],data['订单额']
2             ,s=data['广告ROI']*20   # 这个是控制点的大小
3             ,c=colors   # 这里直接把上边得到的颜色colors赋值在这里
4             )
5  plt.xlabel('订单成本')
6  plt.ylabel('订单额')
7  plt.show()
```

图4-31　绘制气泡图

注意这里参数c的值，就是我们之前调用颜色生成器函数得到的变量colors。运行代码后的颜色有很大概率会与上图是不一致的，这没关系，因为这里的颜色是随机生成的。

第5章

全面了解 MySQL

5.1 掌握数据库的结构

5.1.1 实例与库

本节我们主要认识一下数据库的基本结构，这样便于后续在进行操作时知道自己位于哪个环节，知道具体操作内容的是什么。

首先来学习第一个概念——实例，我们使用 Workbench 的连接其实就是一个实例。

比实例小的一个单位叫作库，平时我们所说的数据库，其实指的是这一层，一个实例可以包含多个库。库可以对应想象成是小区里的一栋栋楼房。

现在动手来创建一个库，点击图5-1中的图标，它位于上方工具栏左侧图标的第四个。

点击这个图标之后，会出现一个新页面，如图5-2所示。

这里有两个选项需要填写具体如下：

（1）Schema Name：这里要填写数据库的名字，须使用英文名称，不能包含特殊符号，这里用 management_systems 作为数据库的名字。

（2）Default Collation：这一项是字符集的意思，在下拉框中选择 utf8mb4-utf8mb4_bin 选项，这个选项为了将来在数据库中使用中文的时候不会出现乱码的现象，并且能够存储各种表情及符号，这一点我们在后续的学习中可以体会到。

完成以上操作后，点击 Apply 按钮，如图5-3所示。

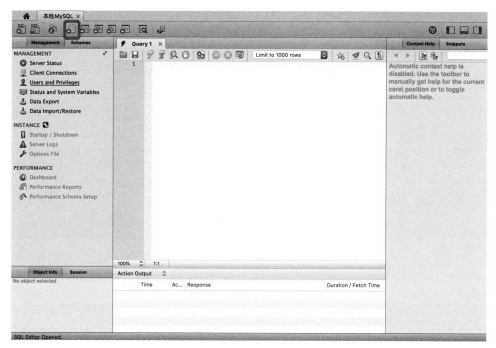

图5-1　点击创建库图标

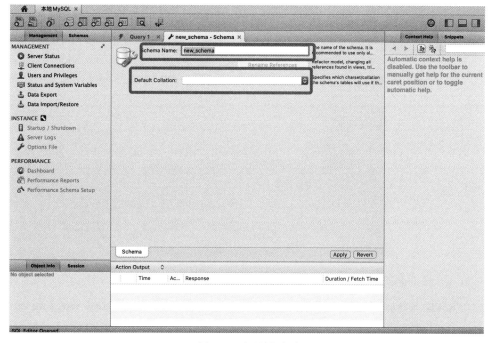

图5-2　出现新页面

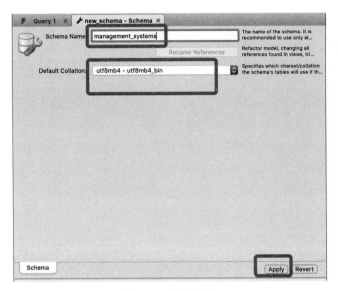

图5-3 设置参数

然后会看到一个新的页面，继续点击Apply按钮，如图5-4所示。

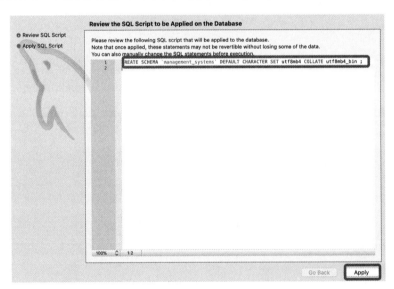

图5-4 点击Apply

在图5-4中有如下语句：

```
CREATE SCHEMA 'management_systems' DEFAULT CHARACTER SET utf8mb4
COLLATE utf8mb4_bin ;
```

这个语句的含义是创建了这个数据库，当在查询窗口创建数据库的时候也可以用到这个语句，这一点先作为了解，后面自己写SQL语句的时候就会掌握这个原理了。

再点击Close按钮完成创建数据库，如图5-5所示。

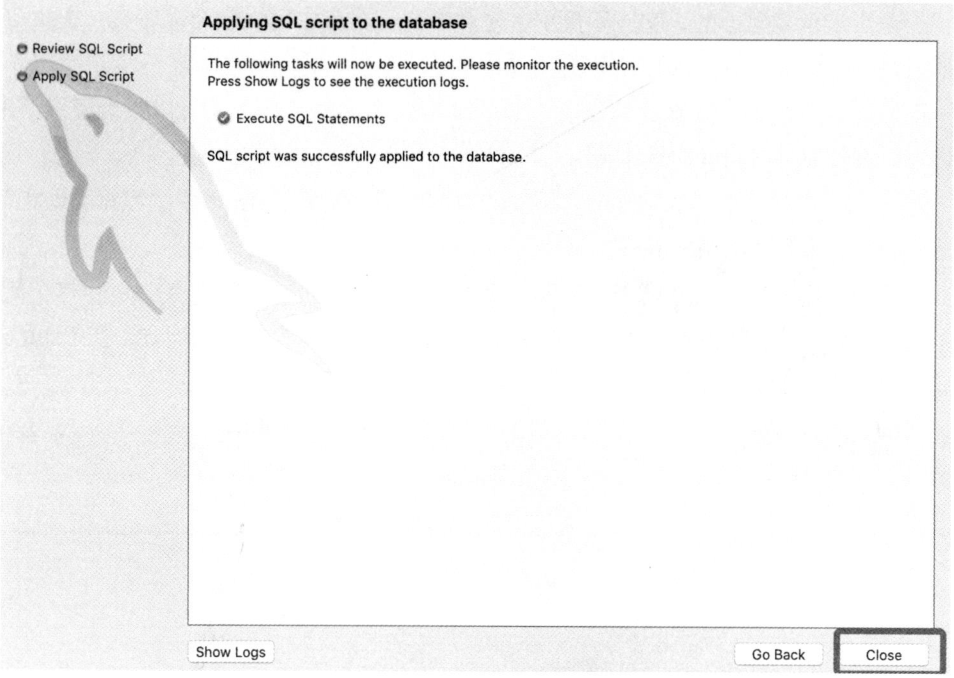

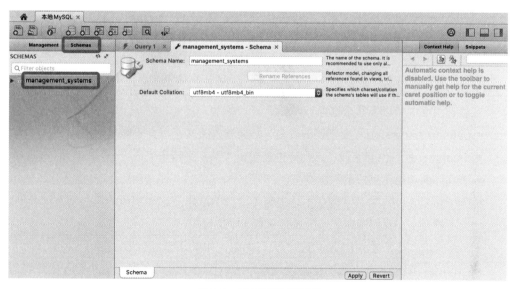

图5-5 点击Close

返回Workbench主页面，这时在主页面左侧会出现一个Schemas按钮，点击可以切换到数据库显示页面，如图5-6所示。

图5-6 数据库显示页面

5.1.2　表与字段的创建

表是用来承载数据的,它比库更小,也就是说一个库中可以包含多张表,表也可以想象成是一栋栋楼房中具体的房间了。

而房间需要装饰,那么比表更小一级的结构叫作字段,一个表可以包含很多字段,字段可以理解成是房间里的具体装饰。

这里需要注意,不同的字段拥有不同的数据类型,它跟 Python 中的数据类型相似,分为字符串、整数等类型。

接下来我们将自己动手创建一个表。点击图 5-6 中 management_systems 这个库名字前边的三角符号,展开后会看到一个 Tables 选项,这就是存储表的地方,在 Tables 上点击右键,打开子菜单如图 5-7 所示。

选择 Create Table 选项之后,会新建一个页面,如图 5-8 所示。

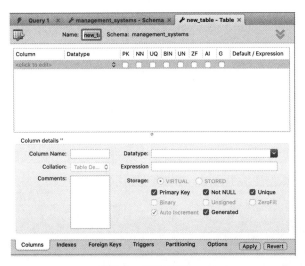

图 5-7　在 Tables 上右击　　　　　　图 5-8　新建页面

在新建页面中有以下几个选项:

- Column Name:填写要创建的表名,需要输入英文字母,不能是中文。
- Column:列名也叫字段名,同样也需要输入英文字母来完成。
- Datatype:指定字段的数据类型。
- Primary Key:限制字段是不是主键(主键的意思是这个字段的值必须是唯一的,且不能为空,我们规定每一个表必须有一个主键)。
- Not Null:限制这个字段的值是否允许为空,如果勾选则不能为空。
- Unique:限制这个字段的值必须是唯一的,但与主键的区别是这个字段的值可以为空。

- Auto Increment：表示自增标识，当字段为主键时，默认是自增的，后续我们学习数据插入时，可以不用插入这个字段。

现在就可以自己创建一个具体的表和表中字段了，如图5-9所示。表名为my_table，其中包含下面三列数据：

- id：作为主键，不能为空，数据类型是int，也就是整数；
- name：数据类型是varchar，也就是字符串；
- sex：数据类型是varchar，也就是字符串。

图5-9　创建一个表和表中字段

然后点击Apply按钮，弹出如图5-10所示的页面。

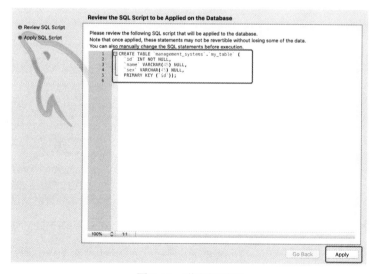

图5-10　弹出新页面

先看一下这个页面上显示的代码如下：

```
CREATE TABLE 'management_systems'.'my_table' (
  'id' INT NOT NULL,
  'name' VARCHAR(45) NULL,
  'sex' VARCHAR(45) NULL,
  PRIMARY KEY ('id'));
```

这一段代码就是我们创建表时手动输入的SQL语句。

之后点击Apply按钮，这样就成功创建了一个表，并且包含了三个字段。

由此得出，各部分之间的关联如图5-11所示。

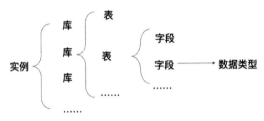

图5-11　各部分之间的关联

实例包含库，库包含表，表包含字段，字段需要设置数据类型，我们在操作具体数据的时候都会用到这个关联，这里先有一个印象，后续我们再具体讲解。

5.2　SQL 的数据操作

5.2.1　数据写入

我们先来看一下数据写入的语法是什么样的。

新增一行数据的标准语句代码如下：

```
INSERT INTO 表名 (字段名1,字段名2,...字段名N) VALUES (值1,值1,...值N);
```

其中加粗显示的字段是固定的，不需要改变，在具体写SQL语句之前需要新建一个SQL窗口，如图5-12所示。

点击左上角工具栏左侧第一个加号，创建一个新的页面，这样做的好处是在输入SQL语句的时候不用重复写数据库的名字。在已经创建好的SQL窗口中输入如下代码：

图5-12　创建SQL窗口

```
INSERT INTO management_systems.my_table (id,name,sex) VALUES (1,"嚣
张的张三","男");
```

如果需要新建一个窗口，代码如下：

```
INSERT INTO my_table (id,name,sex) VALUES (1,"嚣张的张三","男");
```

后一种写法比前一种少写了一个数据库的名字，再来看一下关于这个 SQL 语句的具体说明，如图 5-13 所示。

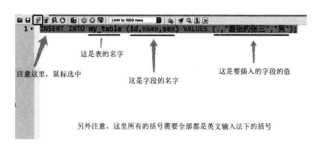

图 5-13　SQL 语句的具体说明

在执行完成后，我们该如何验证这个数据有没有插入成功呢？这时需要把鼠标放到表名上，再点击最右侧的图标，出现图 5-14 所示的结果，可以看到要插入的数据，这就代表插入成功了。

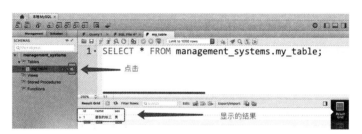

图 5-14　鼠标放到表名上

5.2.2　数据更新

这一小节我们主要学习数据如何更新，当数据写入错误，或业务中信息更新时会用到这个操作，写法也非常简单。

表中数据修改的标准语句代码如下：

```
UPDATE 表名 SET 列1=新值1,列2=新值2 WHERE 过滤条件
```

其中粗体字段是不可改变的部分。

现在要把表中 id 字段值为 1 的数据进行修改（性别改成为女）。具体 SQL 执行过程如图 5-15 所示。

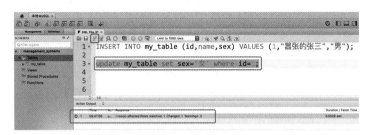

图5-15　修改数据

最后验证一下数据是否更新成功，如图5-16所示。

图5-16　验证数据

以上就是数据的更新操作了。

5.2.3　数据的物理删除与逻辑删除

数据的删除分为物理删除和逻辑删除，物理删除就是真正地把数据从表中删除，我们先来看一下物理删除应该如何操作，再学习逻辑删除。

数据删除的标准语句如下：

```
delete from 表名 where 字段名=字段值；
```

首先要把id为1的数据删除，先来看一下具体的执行过程，如图5-17所示。

操作过程仍然是手动输入SQL语句，然后将其选中，并点击对应的图标执行操作，再来查看一下表中数据，如图5-18所示。

图5-17　删除id为1的语句

图5-18　查看表中数据

这时看到表中就没有数据了，接下来我们再来学习逻辑删除操作。

逻辑删除需要在创建表时设置一个字段，比如is_delete，代表含义为数据是否删除，当字段值为0时，说明这个数据没有删除；当把这个字段值更新为1时，代表这个数据被删除，这就是逻辑删除。

5.3　使用 Python 操作 MySQL

5.3.1　表结构的创建

我们在开始具体操作时还需要创建表，先了解一下创建表的结构，见表5-1至表5-6一共分为六张表。

表5-1　学校表（表名：school）

字　段　名	限 制 条 件
id	整数类型，不能为空，主键自增
school_name	学校名称，不能为空，字符串类型
school_address	学校地址，可以为空，字符串类型

表5-2　年级表（表名：grade）

字　段　名	限 制 条 件
id	整数类型，不能为空，主键自增
school_id	学校id，不能为空，整数类型
grade_name	年级名称，不能为空，字符串类型

注意school_id这个字段与school表中的id是对应关系，这样两个表就有了关联关系，后续我们学习关联查询时也会用到这样的结构。

表5-3　班级表（表名：class）

字　段　名	限 制 条 件
id	整数类型，不能为空，主键自增
grade_id	年级id，不能为空，整数类型
class_name	班级名称，不能为空，字符串类型

注意grade_id字段，与grade表中id是对应关系。

表5-4　学生表（表名：student）

字　段　名	限 制 条 件
id	整数类型，不能为空，主键自增
class_id	班级id，不能为空，整数类型
student_name	学生姓名，不能为空，字符串类型
student_birthday	学生生日，日期类型
sex	学生性别，整数类型，不能为空

注意 class_id 字段，与 class 表中的 id 是对应关系，另外 sex 字段，这里是整数类型，因为一般在工作中，我们用 0 和 1 值表示男和女。

表 5-5　课程表（表名：course）

字 段 名	限 制 条 件
id	整数类型，不能为空，主键自增
grade_id	年级 id，不能为空，整数类型
course_name	课程名称，不能为空，字符串类型
full_mark	课程满分分数，整数类型
passing_score	课程及格分数，整数类型

注意 grade_id，与 grade 表中的 id 是对应关系。

表 5-6　成绩表（表名：score）

字 段 名	限 制 条 件
id	整数类型，不能为空，主键自增
student_id	学生 id，不能为空，整数类型
course_id	课程 id，不能为空，整数类型
score	课程分数，可以为空，整数类型

其中 student_id 与 student 表中的 id 是对应关系，course_id 与 course 表中的 id 是对应关系。

这样我们基于创建的六张表，构建了学校的课程体系。

5.3.2　外部数据导入

那么如何快捷导入这份数据呢？下面看一下具体操作。

打开 Workbench 界面，点击左上侧的 Management 按钮，如图 5-19 所示。

然后选择 Data Import/Restore 选项，这时工具的右侧会创建一个导入数据的页面，如图 5-20 所示。

在新创建的页面中选择 import from Self-Contained File 单选按钮，再点击右侧的三个点按钮，之后选中文件 management_systems_data.sql，然后在 Dafault Target Schema 文本框后边的下拉框中选择 management_systems 数据库，最后点击页面右下角的 Start Import 按钮即可。

图 5-19　点击 Management 按钮

接下来我们验证一下数据是否真的导入成功了，如图 5-21 所示。

首先点击 Schemas 按钮，然后在左侧数据库名字 management_systems 上右击，接着在弹出的新窗口中选择 Refresh All 选项。这个时候 Tables 中的内容就会发生变化，并且我们可以查看到数据了，如图 5-22 所示。

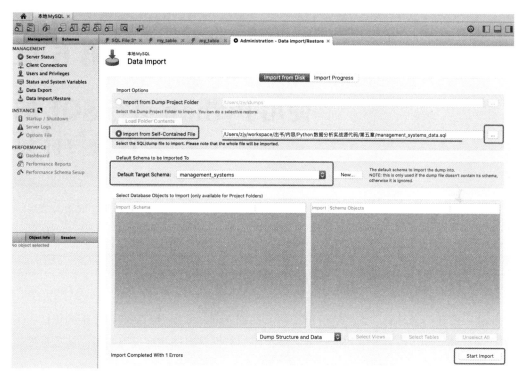

图 5-20　创建一个导入数据的页面

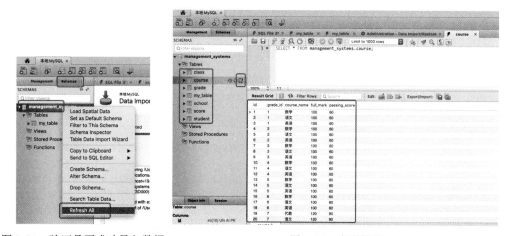

图 5-21　验证是否成功导入数据　　　　　　　　图 5-22　查看数据

这里可以查看任意一张表，并且里面都应该包含一些数据。

第 6 章
使用 Python 进行 SQL 的查询与计算

6.1　有条件限制的查询语句

这一章我们学习的重点是使用SQL进行数据查询，数据查询在数据分析的工作中是不可缺少的，并且也是最常用的环节之一，因为数据是存储在数据库中的，从数据库中获取数据就需要使用SQL的查询语句，下面让我们一起来学习吧。

6.1.1　基本查询语句

查询语句基本格式如下：

```
select 字段1,字段2,…,字段N from 表名
```

先了解基本格式，通过例子进行深入理解，首先启动 Workbench，打开查询窗口，以学生表为例，要查询学生的姓名和生日两个字段，具体SQL语句及执行结果如图6-1所示。

这里的select和from是两个关键词，不可以修改。还需要注意：当我们要查询的数据包含多个字段的时候，字段与字段之间要使用英文的逗号进行分割，紧跟在from关键词后边的就是要查询的表的名字。

以上的基本格式并不难理解，这里需要强调一点是，我们之前见到过这样的查询语句，如图6-2所示。我们要查询所有数据的时候，在本应该出现具体字段名称的地方出现了一个星号 "*"，那么这个星号 "*" 代表要查询的是表中所有字段。

这就是简单的查询语句了。

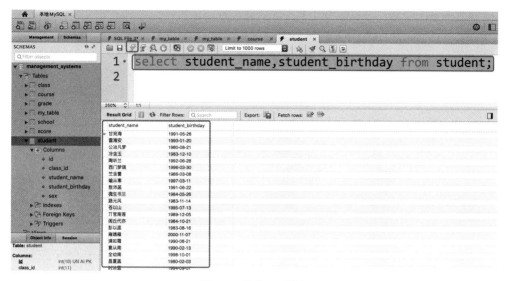

图6-1　简单SQL语句

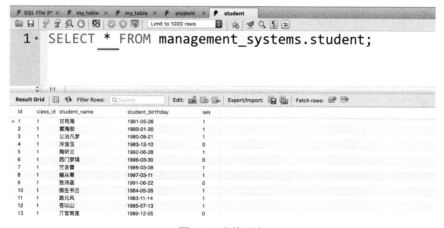

图6-2　查询语句

6.1.2　单一条件限制的查询语句

先来看一下有条件限制的查询语句的基本语法如下：

```
select 字段1,字段2,……,字段N from 表名 where 限制条件
```

有条件限制的查询语句是在基础查询语句的后边加上了限制条件，其中where是关键词，不可改变，那么限制条件该怎么写，我们来看下面的例子。

现在要查询所有class_id为3的学生的数据，具体SQL及执行结果如图6-3所示。

这里的限制条件其实是限制某一个字段的值是多少。根据题目要求，我们限制的是class_id=3，是不是感觉很简单。

再来做一个练习，根据我们之前插入到数据库中的数据，查询分数表中所有分数大于90的数据，具体SQL及执行结果如图6-4所示。

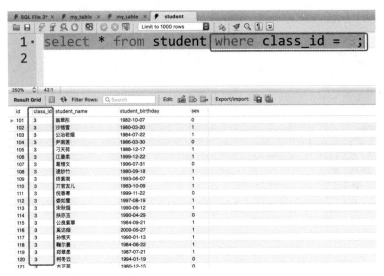

图6-3 查询所有class_id为3的学生的数据

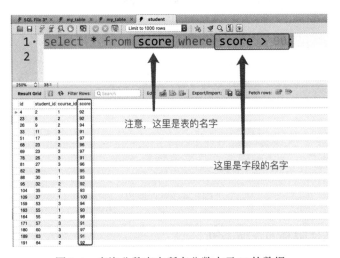

图6-4 查询分数表中所有分数大于90的数据

在图6-4中显示的代码，需要注意两个方面，一是这里的表名和字段的名字是相同的，只要我们清楚哪里应该写表的名字，哪里应该写字段的名字即可。

二是在条件限制中可以使用比较运算符，在Python中常见的比较运算符有>（大于）、<（小于）、=（等于）、!=（不等于）、>=（大于等于）、<=（小于等于），所以在进行数值比对时，这些符号都是可以使用的。

6.1.3　模糊的条件限制

在工作中，有时针对一些字符串类型的字段，并没有明确具体要筛选出哪些数据，这个时候就需要用到模糊条件查询了，模糊查询的基本格式如下：

```
select 字段1,字段2,…,字段N from 表名 where 字段名 like "%模糊的关键%字"
```

我们先来看例子，再具体解释，比如要查询全部姓李的同学的信息，具体SQL及执行结果如图6-5所示。

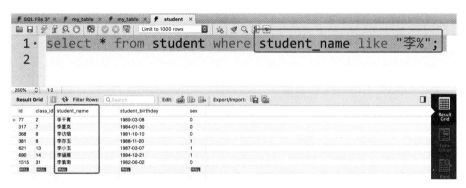

图6-5　查询全部姓李的同学的信息

需要注意的是，限制条件的写法为student_name like "李%"，末尾加上了一个百分号"%"。

首先来解释一下like的用法，like是模糊查询的关键字，看到了like也就意味着后边的条件不是十分精确，要进行模糊查询了，"%"是配合like进行使用的，哪个部分加上了"%"就说明哪个部分要模糊查询了。

比如要查询姓李的同学，意味着并不知道这些要查询的同学的具体名字是什么，但都姓李，用李来开头是确定的，后边部分不确定，所以"%"要加在后边，最终写成"李%"这种形式。

那么新的问题就来了，如果要查询以"玉"结尾的同学都有哪些，该怎么写这个SQL呢？具体如图6-6所示。

这时把百分号"%"放在前边，因为前边是不确定的，后边的"玉"字是确定的。那么如果要查询名字中包含"小"的同学的全部信息，应该怎么查询呢？具体如图6-7所示。

这时发现把"小"字两边都加上了百分号"%"，说明只有"小"字是确定的，但其出现的位置并不确定，出现在哪里都可以，因此需要在前边和后边都加上"%"。

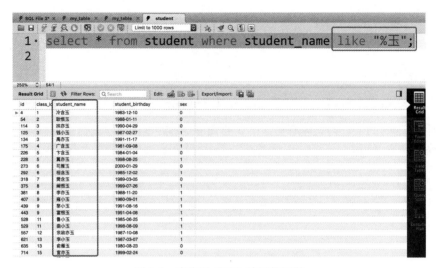

图6-6　查询以"玉"结尾的同学

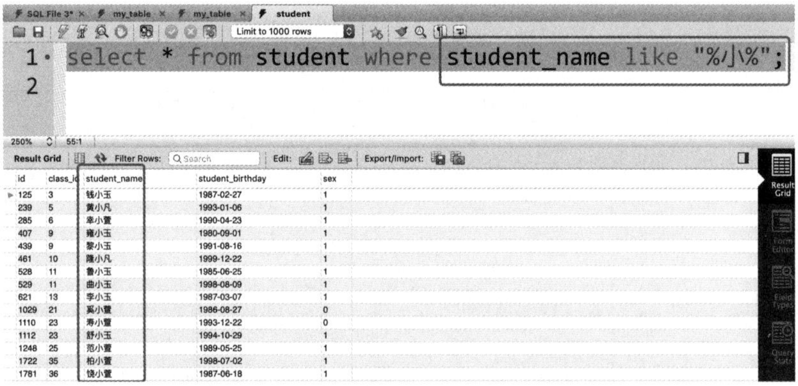

图6-7　查询名字中包含"小"同学的全部信息

6.1.4　多条件限制的查询语句

本节我们将要掌握：当一条SQL语句拥有多个条件限制的时候该如何去写，这也是在数据查询时用得非常多的语句，需要学习两个逻辑运算符，一个是and，另一个是or，分别代表"与"和"或"，含义是条件同时满足和条件至少满足一个。

首先来看一下and的例子，此时想要查询学生表中class_id为8并且姓李的同学的信息，具体SQL及执行结果如图6-8所示。这里的"and"表示两个条件必须同时满足。

接下来看一下or的例子，此时想要查询学生表中class_id为8或姓李的同学的信息，具体SQL及执行结果如图6-9所示。这里可以看到，查询出来的结果要么是class_id为8，要么就是姓李的同学，两个条件至少满足一个，这就是"or"的作用。

以上就是多条件筛选时，我们会用到的逻辑运算符。

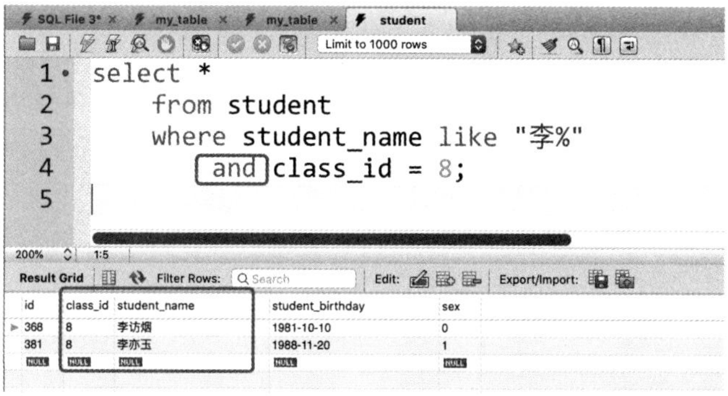

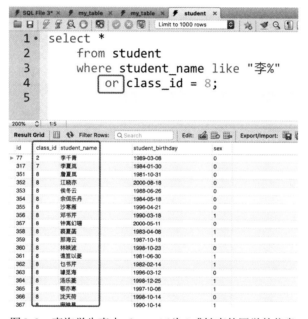

图6-8　查询学生表中class_id为8并且姓李的同学的信息

图6-9　查询学生表中class_id为8或姓李的同学的信息

6.1.5　关于空值的判断

在学习空值判断之前，首先要认识空值，打开数据库中school表，如图6-10所示。看到两种空数据，其中NULL表示空值，而第三行数据中的空白，用""表示，意味着这是一个空字符串。

针对这两种情况在获取数据时，使用的条件限制是不同的，先来看一下如何获取字段值为NULL的数据，SQL及执行结果如图6-11所示。

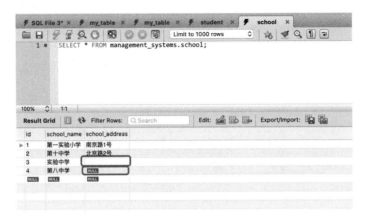

图6-10　打开数据库中school表

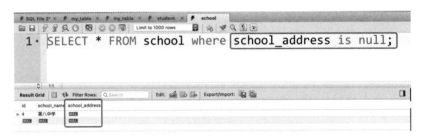

图6-11　获取字段值为NULL的数据

这里使用了条件限制语句school_address is null，并没有难度，记住就好。

接下来看一下如何查询字段值为空字符串的值，SQL及执行结果如图6-12所示。

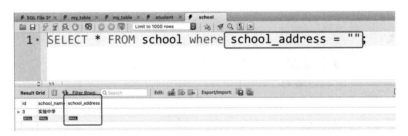

图6-12　查询到字段值为空字符串的值

这里用到的限制条件是school_address = ""，说明这个字段的值是一个空字符串。
以上内容作为初学者查询空数据时需要注意的两个知识点。

6.1.6　返回部分结果的控制

在使用SQL语句进行数据查询时，有时只想看到部分数据，就像Python的Pandas库那样，使用head()函数表示显示返回结果前面多少条。在SQL语句中也有一样的操作，使用的关键词为limit。

我们先来看一下具体的操作方法，SQL 及执行结果如图6-13所示。

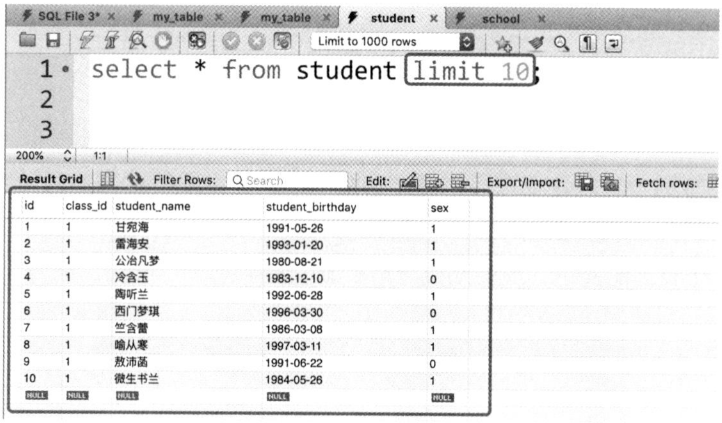

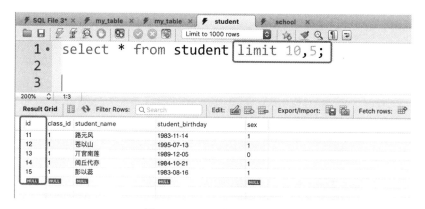

图6-13　显示返回结果前面多少条

在图6-13的例子中，查询学生表中的前十条数据，这是limit的一种使用方法。

limit还有第二种使用方法，就是跳过多少条数据，然后基于跳过的数据再返回多少条，下面看一下具体的例子，SQL 及执行结果如图6-14所示。

图6-14　limit的使用方法

我们看到查询的学生表中返回数据的id是从11到15，那么也就是跳过了前十条数据，并返回跳过的后五条数据。

6.2　多个表查询结果展示在一起的联合查询

联合查询在SQL查询语句中的应用不多，我们先做了解，记住关键词union。
它使用的基本格式如下：

```
select 字段名  from 表名 where 筛选条件
```

```
union
select 字段名  from 表名 where 筛选条件
```

从基本格式中可以看出，它是把两个SQL语句返回的结果联合在一起了，这里有两个限制需要注意：

（1）强制规则多表联合查询时，所查询的字段个数必须相同。

（2）潜在规则多表联合查询时，每个表查询出来的字段所代表的意义要相同，查询结果中列的名字会显示最上边的第一个查询的列名字。

下面看一个具体的例子，SQL及执行结果如图6-15所示。

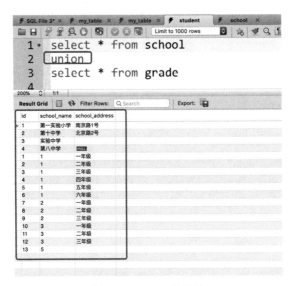

图6-15　union的用法

我们看到符合强制规则中两个SQL语句的返回字段的个数是相同的，但其返回结果中字段的意义却不同，所以这是一个反向案例。

6.3　统计结果中的分组方法与筛选技巧

6.3.1　掌握结果分组

有时在工作中获取数据时，并不能直接获取原始数据，而是需要把数据加工后再返回，比如我们要统计课程表中每门课出现了多少次？

先来看一下SQL语句，再来讲解这一过程，如图6-16所示。

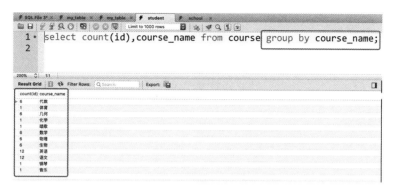

图6-16　不同的课程名字分成一个组

对照执行结果，就非常容易理解这个过程了，在课程表中有课程名字的这一列，这里的group by就是分组统计的关键词，它把每一个不同的课程名字分成一个组，再进行count()操作。

为了加强理解，先来看一个例子，统计一下以课程名字分组，然后计算最大id值，具体SQL语句如图6-17所示。

图6-17　以课程名字分组

注意： 图6-17中返回的第一列数据，这里的内容与图6-16的内容发生了变化，返回的id都是组内最大的值。

可以使用group by针对某一个字段进行分组计算，这里的count或max等统计函数也都是针对组内的数据进行运算的。

6.3.2　过滤筛选分组后的结果

有时我们需要对分组后的结果进行再次过滤才能执行返回操作，比如想要查询课程表中哪些课程出现过五次以上？

我们先来看一下具体的SQL及执行结果，如图6-18所示。

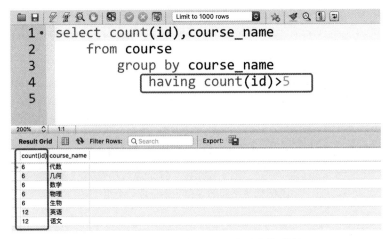

图6-18　查询课程表出现五次以上的课程

注意： 这里使用了having关键词，它的作用是限制分组统计后显示的结果，只是多加了一个关键词。

下面通过一个例子来学习，现在要查询分数表中每个学生的总分，并且在900分以上的数据。具体SQL及执行结果如图6-19所示。

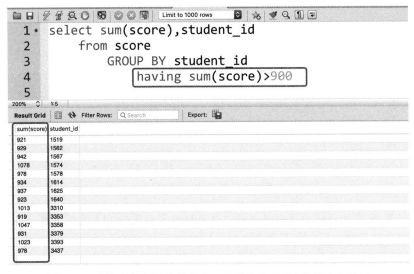

图6-19　查询出每个学生的总分，并且总分在900分以上的数据

细心的读者可能会发现在上述两个例子中，最后的限制条件全部都与前边的统计结果的字段一样，就像图6-18中的"count(id)"和图6-19中的"sum(score)"，这是使用分组后结果条件过滤的基本要求，这里需要注意，我们只能针对已经统计的结果进行数据过滤。

6.3.3　排序中的大小顺序

在以上的例子中，我们看到结果展示是没有规律的，有时需要把结果按照从小到大或者是从大到小的方式进行排列，那么如何能够做到这一点呢？

先来看一下从小到大排列的例子，具体SQL及执行结果如图6-20所示。

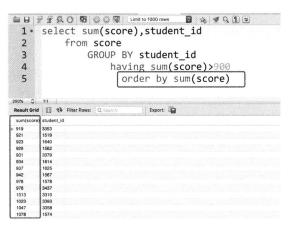

图6-20　从小到大排列

这里看到在SQL的结尾处加上了关键词"order by"，其后边的字段是进行排序的依据。

注意： 第一列中，已经看到返回数据是按照从小到大的方式进行排序。

那么从大到小该怎么排序呢？一起来看一下例子，SQL及执行结果如图6-21所示。

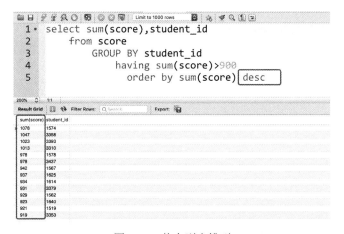

图6-21　从大到小排列

注意： 最后边的desc，这是实现从大到小排序的关键字段，其他内容与我们之前学习的知识点相同。

6.4 多表之间的子查询

6.4.1 两表之间的子查询

子查询顾名思义就是从数据的子集中再次进行查询，子查询的基本格式如下：

```
select * from 表名 where 筛选条件字段 逻辑运算符 (
select * from 表名 where 筛选条件)
```

以上作为一个基本说明，我们先了解一下，下面通过具体的案例进行学习，我们要查询出有年级的学校，也就是说表中有可能存在一些年级是没有学校的数据，这样的错误数据在数据分析中也是比较常见的。

先看一下这个SQL的写法以及执行结果，如图6-22所示。

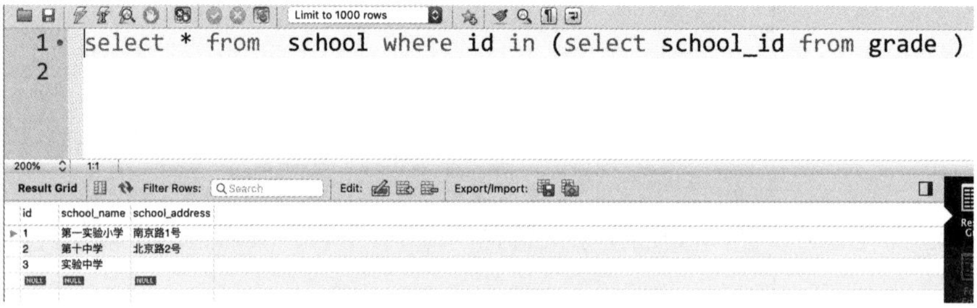

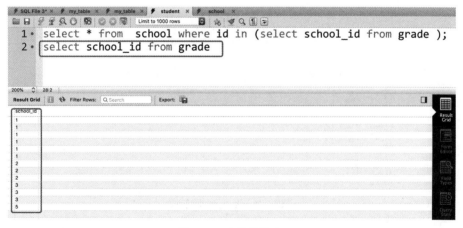

图6-22　两表之间的子查询

这里的SQL语句可以拆分成两个部分，第一个部分是 "select school_id from grade"，先来看一下这句SQL的执行结果，如图6-23所示。

图6-23　查询学校表

查询出来的结果包含1、2、3、5，共四种值。

那么也就是说学校表（school）中的id
必须包含在1、2、3、5中，这也是"in"
的作用，所以学校表中的id为4的数据并没
有被查出来。

如图6-24所示，学校表中包含id为4
的数据。

通过一个数据的子集，去限制另外一个
查询数据的结果，这是两个表之间的子查询
限制。

图6-24　包含id为4的数据

6.4.2　三表之间的子查询

我们再来看一下三个表之间的子查询应该怎么操作，可以说掌握了三个表之间的子
查询，以后无论多少表都能快速掌握了。

首先来看一下题目的要求：查询出六年级全体同学的数学分数，我们来看一下SQL
的写法以及执行结果，如图6-25所示。

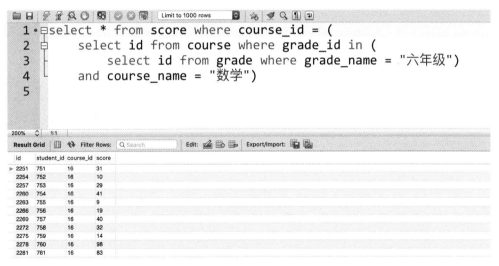

图6-25　查询六年级全体同学的数学分数

子查询的SQL语句需要从内到外进行分析，首先看最内层："select id from grade
where grade_name = "六年级"，这个SQL语句是从年级表中查询出六年级的id。

我们获取到了六年级的id，这个时候再到课程表中找到六年级数学课程的id，那么
对应的SQL语句就是："select id from course where grade_id in (select id from grade
where grade_name = "六年级"）and course_name = "数学"，这里还应用到了逻辑
运算符and，因为必须两个条件都满足，通过这个SQL语句知道了六年级数学课程的id，

再到分数表中查询这个课程 id 的分数即可,就像图 6-25 中展示的 SQL 语句那样。

这里需要掌握的是当多个表之间进行子查询的时候,需要从内到外一层层地去分析查询条件,你就能够掌握其中的奥秘了。

6.5 多表之间的关联查询

关联查询与子查询有一些不同,子查询是把子集作为限制条件对数据进行筛选过滤,而关联查询所有的表之间都是平行关系,具体如何操作就是这一节我们所要掌握的知识点了。

6.5.1 先给数据起个别名

我们在进行多个表之间的数据查询时,有时表名或者字段的名字起的太长,并不方便使用,这时就用到了别名这个操作,首先我们来看一下到底怎样起一个别名。具体 SQL 及执行结果如图 6-26 所示。

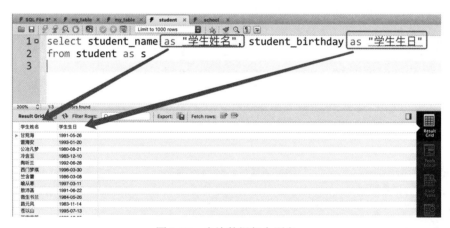

图 6-26　先给数据起个别名

注意: 在图 6-26 中使用了 as 关键词,在 as 的后边加上任意的内容就可以成为 as 前边的字段或者是表的别名,这里"学生姓名"就成为 student_name 的别名,"学生生日"成为 student_birthday 的别名,而 s 成为 student 的别名。

如果为一个字段起一个别名的话,那么这个别名就会显示到查询结果中。

需要注意的是中文别名下边会有红色的波浪线,提示最好不要用中文,不过这个提示并不会防碍执行 SQL 语句。

另外这个 as 关键词是可以忽略的,SQL 及执行结果如图 6-27 所示。

图 6-27　忽略 as 关键词

注意这里的 SQL，并没有使用 as 关键词，所以忽略它也是可以正常执行语句的。

现在来思考一下如下 SQL 语句所代表的含义：

```
select s.student_id  "学生ID", s.course_id  "课程ID", s.score  "分数"
from score s;
```

在每一个字段前边加上表的别名，并且多加了一个点 "."，这里代表要查询的是分数表中的 student_id 字段，后边的字段也是同样的用法，这里多了一个调用关系，经常在关联查询里使用。

查询多个表时，需要明确要查询哪个表中的哪个字段，避免字段名称重复而引起错误。

6.5.2　两表之间的左关联

左关联的基本含义就是以左侧的表为主表，去关联右侧的表，也就是包含左侧表中的全部数据，再去连接右侧的表。

先来看一下左关联的例子，具体 SQL 及执行结果如图 6-28 所示。

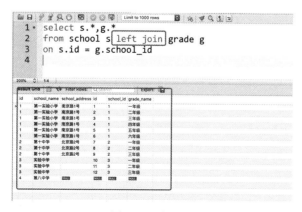

图 6-28　左关联

我们看到图6-28中的SQL语句包含了一个左关联的关键词left join，在left join左侧的表就是左边的表，也就是SQL中的school表，那么在left join右侧的表就是右边的表，也就是SQL中的grade表。

后边还有一个词on，即s.id=g.school_id，也就是说这两个表之间的id和school_id表示同一个字段，表明两个表之间产生关联关系。

再来看结果中左侧的三个字段是school表中的数据，右侧表中的三个字段下的数据并不是grade表中的全部数据。

这也就是刚刚说过的以左侧的表为主表，去关联右侧的表，包含左侧表中的全部数据，再去连接右侧的表。这个时候右侧的表只显示能够关联上的数据。

还需要注意的是最后一条数据中，右侧grade表这一行数据在右侧表数据显示全部都是空，也就是说右侧表grade并没有能够匹配上左侧表school中的数据，但在左关联中这样的数据也是会被显示出来的，如果右侧匹配不上就会显示为空。就像图6-29所示这样，取左侧表的全集和右侧表的交集。

图6-29　取左侧表的全集
和右侧表的交集

6.5.3　两表之间的右关联

有了左关联的铺垫，我们再来学习右关联就会简单很多，其基本含义就是以右侧的表为主表，去关联左侧的表，包含右侧表中的全部数据，再去连接左侧的表。

通过下面例子了解这一过程，SQL及执行结果如图6-30所示。

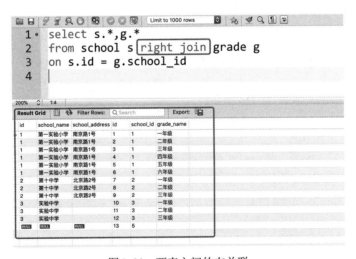

图6-30　两表之间的右关联

这里看到右关联的关键词是right join，同样on后边是两个表之间产生关联的字段。

仔细看其结果，首先右侧表中的返回数据为右侧表中的全部数据，当左侧表数据匹配不上右侧表中数据时就显示为空，这一点在最后一行的数据中得以体现。就像图6-31所示，取右侧表的全集和左侧表的交集。

图6-31　取右侧表的全集和左侧表的交集

6.5.4　两表之间的全关联

全关联的意思是所有数据必须匹配，只要任意数据匹配不上，那么就不显示。

下面来看一下具体的例子，SQL及执行结果如图6-32所示。

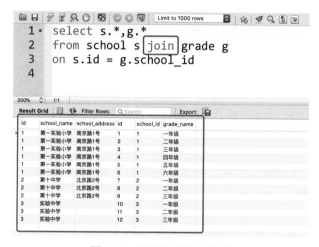

图6-32　两表之间的全关联

在这个例子中，我们直接使用了join关键词。既没有left，也没有right，要求全部数据必须都匹配上。从结果当中我们可以看到，是没有任何空数据的。

在实际的工作中，具体是使用左关联、右关联还是全关联要根据实际的业务场景来分析，到时看具体要保留哪部分数据。

这里再总结一下，全关联就是取左侧表和右侧表的交集部分的数据。

6.6　使用 Python 进行 SQL 数据查询

6.6.1　一般的查询方法

先打开Jupyter Notebook，并且连接上数据库，如图6-33所示。

```
1   import pymysql
2   # 链接数据库
3   conn = pymysql.connect(
4       # host是我们要连接数据的IP地址或域名如果是本地需要写127.0.0.1 或localhost都可以
5       host = "192.168.6.33",
6       user = "root",     # 连接数据库的用户名
7       password = "123",  # 连接数据库的密码
8       database = "management_systems",  # 要连接数据库的名字
9       charset="utf8"     # 连接时采用的字符编码
10  )
11  # 这一步是获取数据库的操作对象
12  cursor = conn.cursor()
```

图6-33　连接数据库

因为之前已经对这部分代码进行详细解释了，所以这里不再赘述。

先来看一下一般查询语句的执行方法，如图6-34所示。

再来看执行完如何把结果读取出来，这里使用cursor对象调用fetchall()方法来实现，也是很简单的操作。

但需要注意的是如何查看返回结果的数据类型，具体SQL语句如图6-35所示。

```
1   ##  一般的查询语句执行方法
2   sql = "select * from school"
3   cursor.execute(sql)
4   # 取结果
5   result = cursor.fetchall()
6   result
```
```
((1, '第一实验小学', '南京路1号'),
 (2, '第十中学', '北京路2号'),
 (3, '实验中学', ''),
 (4, '第八中学', None))
```

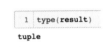
tuple

图6-34　查询语句的执行方法　　　　图6-35　查看返回结果的数据类型

这里得出的结果是tuple数据类型，这样的数据类型也可以进行数据分析，但由于之前学习的是Pandas数据处理库，它对于这种数据类型的处理较复杂。那么下一小节我们就来解决这一问题。

6.6.2　使用 Pandas 的查询方法

Pandas中也提供了可以直接执行查询SQL的方法，具体代码写法及执行结果如图6-36所示。

我们只需要调用pandas中提供的read_sql()方法，并且把SQL语句放入函数中就可以得到SQL执行的结果了。

如图6-37所示为这个数据的数据类型DataFrame，到这里你能够感受得到，与我们之前学习的知识正好相对应。

```
1  ## 使用Pandas中的方法进行数据读取
2  import pandas as pd
3  result = pd.read_sql(sql,conn)
4  result
```

	id	school_name	school_address
0	1	第一实验小学	南京路1号
1	2	第十中学	北京路2号
2	3	实验中学	
3	4	第八中学	None

图6-36　使用Pandas的查询方法

```
1  type(result)
```

pandas.core.frame.DataFrame

图6-37　数据类型

到这里你就完全掌握了从数据库获取数据，再到使用Pandas和NumPy进行数据处理，最后使用Matplotlib进行数据可视化的全流程操作了。

第7章

基于用户行为的用户
价值分析

7.1 项目数据介绍

7.1.1 项目介绍及脱敏

这一章我们将通过一个实战项目来巩固之前所学习的知识。

数据来源于国内某知名电商，我们将会使用其用户行为数据作为分析对象。从流量指标、转化指标、营运指标、会员指标等角度进行统计分析。

当然数据部分字段是被处理过的，也就是所谓的"脱敏"。脱敏这个词你将会在未来的职业生涯中不停地接触，因为在公司中，有很多数据是属于机密数据，当我们遇到不能够直接进行查看的数据的时候，就会采用脱敏这个动作来处理这些数据。

举例，当我们不能把年龄直接开放给分析师或其他岗位的时候，有可能需要做这样的处理。

首先需要把年龄模糊化，比如我们的产品只针对成年人，那么就意味着所有用户年龄必须大于等于18周岁，这个时候就把小于等于20岁的年龄全部变成0，而大于20岁小于等于30岁的就变成1，依此类推，年龄字段的值就变成了0、1、2、3……这样的一些数字。

当然也还有一些其他字段，都是同样的道理，一般不同的公司会有不同的脱敏规则，需要我们在工作中遇到具体的场景再有具体的处理方法，现在只需要了解什么是脱敏即可。

7.1.2 数据介绍

在文件中，可以看到一份叫作"user_ behavior.sql"的SQL文件，可以直接导入到数据库中，我们只需要在 Workbench 中选择"导入"选项即可，具体操作如图 7-1 所示。

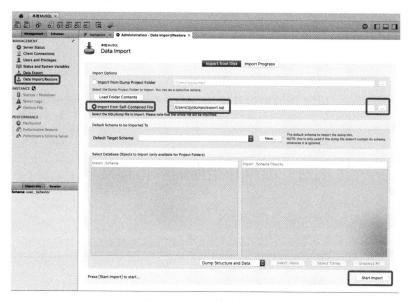

图7-1　SQL文件数据导入

对应选项选择完成后，点击 Strat Import 按钮即可，这个时候就会看到对应的数据表了。

我们来查看一下表中数据，然后介绍每个字段的含义，表中数据如图7-2所示。

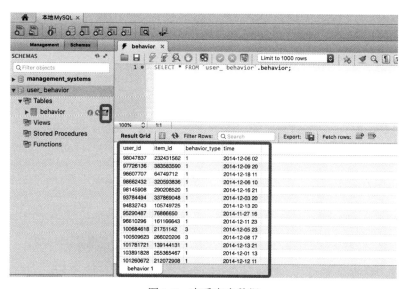

图7-2　查看表中数据

表中数据一共分为如下四个字段：

- user_id：用户身份ID；
- item_id：商品ID；
- behavior_type：用户行为类型，（包含点击、收藏、加购物车、支付这四种行为，分别用数字1、2、3、4表示）；
- time：用户行为发生事件。

以上的数据符合我们平时网购的习惯，不做过多解释了，下一节内容我们将会使用这份数据进行实战练习。

7.2 项目开始前的数据预处理

7.2.1 数据获取

首先把数据导入到数据库中了，接下来的操作就使用Python获取数据。

首先连接数据库，如图7-3所示。

在这一步很有可能会遇到一个问题，就是在连接数据库的时候，数据库的名字在横线的后边有一个空格，如果没有这个空格，那么就连接不上，因为代码里的数据库名字和数据库本身的名字是对不上的。

有时，分析师的工作也是非常锻炼眼神的，需要特别细心。

接下来继续操作，数据库连接后接下来我们就要查看一下具体的数据了，代码如图7-4所示。

```
1   # 导入所需要的库
2   import pymysql
3   import pandas as pd
4   import numpy as np
5   import matplotlib.pyplot as plt
6
7   # 连接数据库
8   db_info = {
9       'host':'192.168.6.93',
10      'user':'root',
11      'password':'123',
12      'database':'user_ behavior',
13      'charset':'utf8'
14  }
15  conn = pymysql.connect(**db_info)
16  cursor = conn.cursor()
```

图7-3　连接数据库

```
1   sql  = 'select * from behavior'
2   data = pd.read_sql(sql,conn)
3   data.head()
```

	user_id	item_id	behavior_type	time
0	98047837	232431562	1	2014-12-06 02
1	97726136	383583590	1	2014-12-09 20
2	98607707	64749712	1	2014-12-18 11
3	98662432	320593836	1	2014-12-06 10
4	98145908	290208520	1	2014-12-16 21

图7-4　查看具体数据

因为这份数据量太大了，如果不能全部读出来，也可以获取一部分，这样可起到实战的目的。

可以使用data.info()查看数据的大小和数据类型，代码如图7-5所示。

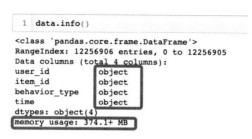

图7-5 查看数据详情

7.2.2 数据预处理

数据已经获取到，接下来要做的是预处理的工作，包含数据清洗、整理等操作。

在time字段上分为年月日和小时，现在要做的处理就是，把日期和具体的小时拆分开，这样更便于后续进行时段的分析。

数据处理后的展示与具体代码如图7-6所示。

```
1  # 使用map函数，套用lambda表达式对数据进行拆分
2  # 第0的位置是日期，第1的位置是小时
3  data['date'] = data['time'].map(lambda x: x.split(' ')[0])
4  data['hour'] = data['time'].map(lambda x: x.split(' ')[1])
5  data.head()
```

	user_id	item_id	behavior_type	time	date	hour
0	98047837	232431562	1	2014-12-06 02	2014-12-06	02
1	97726136	383583590	1	2014-12-09 20	2014-12-09	20
2	98607707	64749712	1	2014-12-18 11	2014-12-18	11
3	98662432	320593836	1	2014-12-06 10	2014-12-06	10
4	98145908	290208520	1	2014-12-16 21	2014-12-16	21

图7-6 数据拆分

接下来再来查看数据类型，便于了解新增加的字段到底是哪种数据类型，如图7-7所示。

这里我们看到，所有的数据全部都是object类型，因此针对这样的数据需要进行数据类型转换。

转换的目标是把所有数字的数据转换成int类型，而日期需要转换成date类型，具体代码如图7-8所示。

接下来查看一下是否存在缺失值，代码如图7-9所示。

最终显示数据并不存在缺失值，所以这里不做处理。

并且在这份数据中，所有字段都不是连续型字段，因此我们无需对异常值进行处理。

```
1  # 查看字段的数据类型
2  data.dtypes
```
```
user_id          object
item_id          object
behavior_type    object
time             object
date             object
hour             object
dtype: object
```

图7-7 查看数据类型

```
1  data['item_id'] = data['item_id'].astype('int64')
2  data['behavior_type'] = data['behavior_type'].astype('int64')
3  data['user_id'] = data['user_id'].astype('int64')
4  data['date'] = pd.to_datetime(data['date'])
5  data['hour'] = data['hour'].astype('int32')
6  data.dtypes
```

```
user_id                int64
item_id                int64
behavior_type          int64
time                  object
date          datetime64[ns]
hour                   int32
dtype: object
```

图7-8　数据类型转换

```
1  data.isnull().sum()
```

```
user_id          0
item_id          0
behavior_type    0
time             0
date             0
hour             0
dtype: int64
```

图7-9　查看缺失值

7.3　指标分析与价值分析

7.3.1　流量指标分析

流量指标指的是用户在该网站操作的每一个步骤所记录下来的量化指标。其中主要涉及的指标为PV和UV。

PV指的是页面浏览量或者称为点击量，指用户每次对网站中的每个网页的访问都会被记录1次，而UV指的是独立访客的数量，每一台电脑客户端作为一个访客。

我们还可以通过PV和UV进行其他方面指标的计算，比如：

- 平均在线时间：平均每个UV访问页面停留的时间长度。
- 平均访问深度：平均每个UV的PV数量。
- 跳失率：浏览某个页面后就离开的访问次数/该页面的全部访问次数。

在实际工作中，更多的指标都是通过一些基础指标进行计算得来的。

首先计算一下在这份数据内，总的PV值有多少？观察数据，思考一下该如何获得这个指标，再来看代码，代码及执行结果如图7-10所示。

```
1  # 周期内总的PV值
2  print('总的浏览量是%d'%data['user_id'].shape[0])
```

总的浏览量是12256906

图7-10　PV值统计

数据内总的PV值其实就是一共产生了多少数据，所以这个指标并不难计算。

接下来我们来看一下日均PV值和日均UV值该如何计算，同样，需要先思考计算方法，再来看代码，如图7-11所示。

在图中上部分表示日均PV，下部分表示日均UV，我们采用子图的方式来绘制这个图，可以展现多个图。

```
1  # 日均PV和日均UV值计算
2  pv_daily = data.groupby(['date'])['user_id'].count().reset_index().rename(
3      columns = {'user_id':'pv'})
4  uv_daily = data.groupby(['date'])['user_id'].apply(
5      lambda x:x.drop_duplicates().count()
6  ).reset_index().rename(columns = {'user_id':'uv'})
7  fig,ax = plt.subplots(2,1)
8  pv_daily.plot('date','pv',ax=ax[0])
9  uv_daily.plot('date','uv',ax=ax[1])
```

`<matplotlib.axes._subplots.AxesSubplot at 0x251c8dda0>`

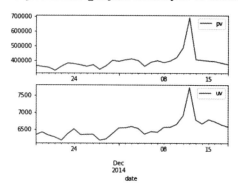

图7-11　日均PV值和日均UV值

接下来按照时刻计算PV值和UV值，这也是之前在做数据处理时，把时间单位中每个小时单独显示出来的原因，具体代码及执行结果如图7-12所示。

```
1  # 每个时刻的pv,uv
2  pv_daily = data.groupby(['hour'])['user_id'].count().reset_index().rename(
3      columns = {'user_id':'pv'})
4  uv_daily = data.groupby(['hour'])['user_id'].apply(
5      lambda x:x.drop_duplicates().count()
6  ).reset_index().rename(columns = {'user_id':'uv'})
7  fig,ax = plt.subplots(2,1)
8  pv_daily.plot('hour','pv',ax=ax[0])
9  uv_daily.plot('hour','uv',ax=ax[1])
```

`<matplotlib.axes._subplots.AxesSubplot at 0x121e1cd30>`

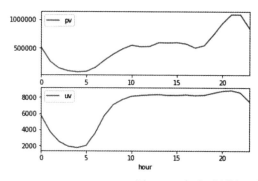

图7-12　每个时刻的PV值和UV值

在图中，我们可以看到，围绕着一天24小时，整体PV和UV数量上的变化，在这里可以分析出用户对产品的使用习惯。

7.3.2 转化指标分析

用户在电商网站购物的完整链路，可以拆分成：点击→注册→收藏→客服→加购→下单→支付，按照操作环节来看转化率，在数据分析工作中就是我们常说的漏斗模型，用户就像漏斗一样，逐渐地转化，也可以看到用户在哪个环节流失得最多。

现在我们计算一下每一步用户的流失率，具体代码及执行结果如图7-13所示。

```
1  # 漏斗模型
2  # 计算每一环用户行为的访问量
3  view = data.groupby(['behavior_type'])['user_id'].count().reset_index().rename(
4      columns={'user_id':'pv'})
5  print('点击-加购的流失率: %d'% round((view.pv[0]-view.pv[2])*100/view.pv[0],2)+'%')
6  print('点击-收藏的流失率: %d'% round((view.pv[0]-view.pv[1])*100/view.pv[0],2)+'%')
7  print('加购-支付的流失率: %d'% round((view.pv[2]-view.pv[3])*100/view.pv[2],2)+'%')
8  print('收藏-支付的流失率: %d'% round((view.pv[1]-view.pv[3])*100/view.pv[1],2)+'%')
```

```
点击-加购的流失率: 97%
点击-收藏的流失率: 97%
加购-支付的流失率: 65%
收藏-支付的流失率: 50%
```

图7-13　漏斗模型计算流失率

在上图中我们可以看到从电商链路的角度分析，收藏应该在加购前一步，但从PV来看，加购的PV反而更高，可能是因为：收藏与加购在功能上存在一定重叠，用户相比收藏更偏爱用加购的方式表达购买意愿。

这里我们可以得出结论：收藏是否可以进一步细化功能，通过收藏夹管理，自定义标注等方式区别于加购的功能。

另外还可以看到：收藏相比加购到支付的流失率更低，说明收藏相比加购转化的成功率更高，可以进一步挖掘偏爱用收藏支持购物决策的人群特点。

7.3.3 基于RFM模型的用户价值分析

在正式开始写代码前，我们先对RFM模型做一个简单的介绍，所谓RFM模型是评价用户价值的一种分析方法，各字母的含义如下：

- R：消费时间间隔（Recency），是指用户最近一次发生购买行为，距离今天的天数。
- F：消费频率（Frequency），是指用户在一段时间内，发生购买行为的次数。
- M：消费金额（Monetary），代表的就是某一段时间内，购买商品的金额的总和。

了解了RFM的基本含义之后，关于它的指标就好计算了，接下来看一下具体的指标。

根据数据来源，假设今天是2014年12月19日，根据这个时间点来计算RFM值，由于数据的缺失问题，这里不计算M值了，只计算R和F。具体R和F的计算方法如图7-14所示。

```
1   # RFM模型中R和F的计算
2   from datetime import datetime
3   datenow=datetime(2014,12,19)
4   # recency 距离dateNow最近的一次支付时间
5   rec = data[data.behavior_type==4].groupby(['user_id'])['date'].apply(
6       lambda x:(datenow-x.sort_values().iloc[-1]).days)
7   rec = rec.reset_index().rename({'date':'recency'})
8   # frequecy 在一段时期内的采购频率 (30 day) ,一天内多次采购算作一次
9   fre = data[data.behavior_type==4].groupby(['user_id'])['date'].apply(
10      lambda x: x.drop_duplicates().count()).reset_index().rename({'date':'frequency'})
11
```

图7-14　RFM模型值的计算

计算完具体的值之后，需要把值加工成 RFM 指标，也就是需要做一下数据合并，最终展示出每一个用户的 RFM 指标，具体做法，代码如图 7-15 所示。

```
1   # 合并RFM指标
2   rfm = pd.merge(rec,fre,on='user_id',how='outer')
3   rfm.columns = ['user_id','recency','frequency']
4   #将各维度分成两个程度,基于等频分段, 分数越高越好
5   rfm['recent_level'] = pd.qcut(rfm.recency,2,labels=['2','1'])
6   rfm['freq_level'] = pd.qcut(rfm.frequency,2,labels=['1','2'])
7   rfm['rfm']=rfm['recent_level'].str.cat(rfm['freq_level'])
8   rfm
```

	user_id	recency	frequency	recent_level	freq_level	rfm
0	4913	3	5	2	1	21
1	6118	2	1	2	1	21
2	7528	6	6	1	2	12
3	7591	6	9	1	2	12
4	12645	5	4	2	1	21
...	...	...	...	...	...	...
8881	142376113	11	1	1	1	11
8882	142412247	4	7	2	2	22
8883	142430177	1	5	2	1	21
8884	142450275	6	8	1	2	12
8885	142455899	15	7	1	2	12

图7-15　每个用户的RFM指标计算

最终需要根据用户重要程度，所属用户的数量有多少来显示，代码及执行结果如图 7-16 所示。

```
1   def trans_value(x):
2       if x == '22' :
3           return '重要价值客户'
4       elif x == '21':
5           return '重要深耕客户'
6       elif x == '12':
7           return '重要唤回客户'
8       else:
9           return '流失客户'
10  rfm['level']=rfm['rfm'].apply(lambda x:trans_value(x))
11  rfm['level'].value_counts()
```

```
流失客户        3195
重要价值客户      2879
重要深耕客户      2021
重要唤回客户       791
Name: level, dtype: int64
```

图7-16　根据用户重要程度统计用户数量

根据以上代码，把用户分为四个等级，流失用户、重要价值客户、重要深耕客户、重要唤回客户。

在实际工作中，对于重要价值客户需要提前关注并且重点维护。重要深耕客户，也就是近期消费频次低的用户，需要予以价格刺激。而重要换回客户，也就是远期消费频次高，近期有一些低，需要有一些产品的卖点刺激。对于流失客户，要重点分析流失原因。

当然在实际工作中，我们也有可能采用不同的策略针对不同的用户，这也是作为数据分析师的价值所在。

以上就是我们的项目练习了，一定要自己动手把所有的代码全部学会才可以。

第 8 章
数据分析的具体介绍

8.1　数据与信息的关系

数据本身是对客观事物的逻辑归纳，例如一个人的身高、体重、年龄、性别就属于人口学归纳数据，而一个物体的质量、速度、密度就属于物理学归纳数据。

数据可以是连续的值，比如声音、图像，称为模拟数据；也可以是离散的，如符号、文字，称为数字数据。在计算机科学中，数据是所有能输入计算机并被计算机程序处理的符号的介质的总称，是用于输入电子计算机进行处理，具有一定意义的数字、字母、符号和模拟量等的通称。

一般而言，数据是用于表示客观事物的未经加工的原始素材，而数据分析师的作用则是将这些原始素材经过加工变成有用的信息。与此同时，数据与信息之间是相互联系的，数据经过加工处理之后，就成为信息；而信息需要经过数字化转变成数据才能存储和传输。因此，信息是数据的含义，数据是信息的载体。

以"百度指数"这款数据产品为例，该产品将用户在百度搜索引擎上的搜索数据进行分析和可视化处理，最终展现了有价值的信息。假设我们想要通过"百度指数"查看"数据分析"这一关键词的信息，可以在网页中输入"数据分析"这一关键词，如图8-1所示。

在弹出的页面中将时间调整为"全部"，就可以看到从2010年到2021年关于"数据分析"这个关键词的搜索热度变化，如图8-2所示。

图8-1 在"百度指数"中搜索"数据分析"

图8-2 "数据分析"关键词从2010年至2021年搜索热度的变化

从图中可以看到,"数据分析"在百度上的整体搜索热度是在稳步上升的,这也从侧面印证了当今社会对于数据分析需求的增加,而这些信息都是通过对数以亿级的搜索数据进行分析才能得到的。

8.2 数据能做什么——以微信私域流量数字化经营为例

在理解了数据与信息的概念后,在本小节笔者将具体的商业案例对数据的具体应用进行讲解。

在商业世界中,数据分析在各个领域都发挥着独一无二的作用,例如供应链管理、客户关系管理、市场营销、品牌定位……可能很多初学者在面对上述这些复杂的业务问题时会觉得力不从心,那么在这节中就先从几乎人人都会使用的微信开始,来梳理一下如何通过数据分析的思维来提升业务经营的效率。

业务情景模拟: 现在假设你是一家服装店的老板,你的主要客户是周边小区的业主。在日常经营中,为了拉近与顾客的距离,你都会主动和客户聊天并添加对方为微信好友,店里进购了新款衣服你也会发发朋友圈,以吸引顾客到门店。不知不觉,你的微信好友已经有好几千人,为了能够提升运营效率,你迫切需要一些数据分析的思路来对这几千个用户的信息进行筛选和处理,请问这时你应该怎么做?

下文将结合具体的操作流程，以及数据分析的逻辑思路，对上述业务情景进行讲解。

8.2.1 数据应用第一步：搭建数据体系

在上述情景中，作为服装店的老板，你已经拥有了几千名消费者的原始数据（微信号＋对应个人信息），但是这些原始数据是无法直接进行分析的，我们需要将这些数据进行标准化处理，从而搭建最初的数据体系。

数据标准化处理最简单的方法就是"打标签"，而**针对人的标签一般可以分为两个体系：属性标签＋行为标签。**

属性标签指的是对一个人的属性进行打标，例如性别、年龄、地区、职业、收入……这些属性在短时间甚至长期都无法改变（一个人的性别一般是无法改变的，而一个人的职业和收入则是在短时间内无法改变的）。

行为标签指的是对一个人的行为进行打标，例如互动频率、作息时间、购买偏好……这些行为是与具体的场景相关联的，且可能会在短时间内发生改变。

在本次的情境分析中，作为一家线下服装店的经营主，我们可以尝试使用年龄、性别、行业、互动频率这四个标签维度来搭建数据体系，其理由如下：

（1）年龄：在服饰零售业，不同年龄的人群拥有完全不一样的风格偏好与购买能力，例如30岁以上的女性购买力更强，其服装搭配可能更偏向于成熟与知性，而20岁～30岁的女性则可能偏向于可爱或者青春的风格；

（2）性别：男装与女装在服饰品类具有严格的分类，考虑到上文情境中并未提及该服装店是否为男装/女装店，所以可以把性别考虑到数据体系内；

（3）行业：行业本身是对消费者购买力和购物时间的一种简单评估，例如金融行业的从业者可能收入更高，而互联网行业的从业者可能因为平日加班更倾向于周末来店购物；

（4）互动频率：互动频率本身属于行为标签的一种，可以简单分为高互动（每周至少联系一次）、中互动（每月至少联系一次）、低互动（每季度至少联系一次）三类。

搭建数据体系时，除了要标签本身的合理性之外，还要考虑打标的可执行性。

这里的可执行性分为两种类别：操作可执行性和区分可执行性。

1. 操作可执行性

操作可执行性的意思是可以进行落地实操，这里主要强调的是在软件层面上的落地（毕竟如果只是停留在硬件层面上，比如将用户名单打印出来用笔进行打标，这样就无法通过计算机对标签进行统一汇总与分析），这里以微信中对好友的"备注和标签"为例展示了微信打标的具体流程，先在通讯录中选中一个好友，再选中"备注和标签"，最后在"标签"中写上具体内容，如图8-3所示。

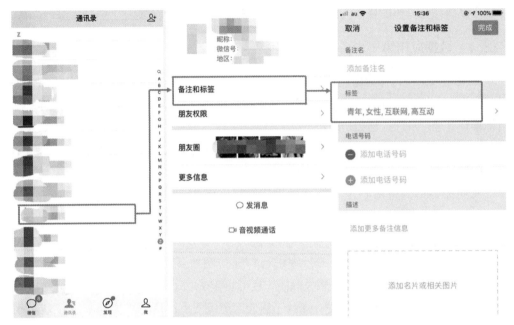

图8-3　微信中打标的具体操作步骤

2. 区分可执行性

完成了操作可执行性的判断后，我们就需要考虑标签本身的划分标准是否是确定的，即是否存在区分可执行性。例如，一个顾客刚刚走进你的门店，虽然作为店主可以走上前去与顾客攀谈聊天增加亲近度，但是如果询问对方的具体年龄还是可能让双方尴尬，这时就需要将标签的划分原则放在一个区分可执行性适当的位置。

一般而言，我们可以使用颗粒度（颗粒度可以理解为数据精准程度的参考项，颗粒度越大数据的精准度越低，颗粒度越小数据的精准度越高）较大的标签，例如"少年、青年、中年、老年"的多类别标签。

以年龄维度的标签为例，其颗粒度由大到小对应的不同标签如图8-4所示。

二分法标签	多类别标签	量化阶梯标签	精准量化标签
青少年 非青少年	少年 青年 中年 老年	20~30岁 30~40岁 40~50岁 50~60岁	具体年龄岁数

图8-4　年龄标签颗粒度的划分（颗粒度越大区分可执行性越强）

因此，只有在考虑完全操作可执行性和区分可执行性后，我们才可以搭建一套适合的数据标签体系。

8.2.2　数据应用第二步：积累数据资产

当搭建完数据体系后，我们在移动微信端，就可以看到图8-5所示的标签基础汇总数据。

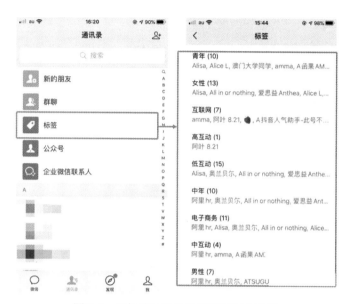

图8-5　手机端展现的标签基础汇总数据

数据应用的第二步就是结合现有的体系开始逐步积累数据资产，其中可以分为四种不同的积累方向：

（1）数据（标签）维度的增加；

（2）数据（标签）复杂性的增加；

（3）单维度数据（标签）数量的增加；

（4）单维度数据（标签）精准性的增加。

关于第一点即数据（标签）维度的增加，指的是当用户数据逐渐增加时（例如从现有的几千用户变成了几万乃至几十万用户时），仅仅依赖年龄、性别、行业、互动频率这四个维度的标签已经无法满足数据分析的需求，这时就需要增加更多维度的标签，例如职业、地区、收入、购买力等。

关于第二点即数据（标签）复杂度的增加，指的是随着用户数量的增加以及数据分析能力的提升，原本大颗粒度的标签会逐步变成小颗粒度的标签，例如年龄维度的标签就会从"少年、青年、中年、老年"的多类别标签，变为最终的具体年龄岁数。

关于第三点即单维度数据（标签）数量的增加，指的是随着时间的推移，符合某一标签的客户数量会越来越多（原本只有几千个用户，后面累积成几万个乃至几十万个用户），那么该维度数据的体量也就会越来越大，最终数据的可靠性会因为数量的增加而增加。

关于第四点即单维度数据（标签）精准性的增加，指的是随着打标经验的增加和数据分析能力的提升，最终打标的准确率会逐步提升，可能一开始的误差率是10%，随着时间的推移会慢慢变成5%、3%、1%……

8.2.3　数据应用第三步：完成数据分析

当数据体系搭建完毕，且经过一段时间数据资产的积累后，作为门店经营者我们就可以开始着手进行数据分析了。

数据分析的角度有很多种，例如描述性分析、预测性分析、诊断性分析等，作为入门章节，笔者在本节就从最基本的描述性分析给大家做讲解。

描述性分析指的是通过数值、图表等方式将数据集的某些规律表现出来，例如经典的平均数、标准差、方差等数值就是描述性分析的代表，而图表类的描述性分析则能以多种形式呈现，其中较为常见的有饼状图、折线图、柱状图等。

假设我们已经结合年龄、性别、行业、互动频率的标签积累了一定的数据资产，从图表数据可视化的角度，给大家展现一下微信用户标签数据的描述性分析方法，如图8-6与图8-7所示。

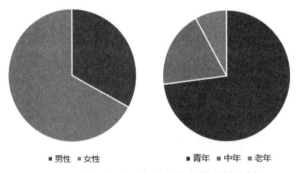

图8-6　性别标签和年龄标签的描述性分析

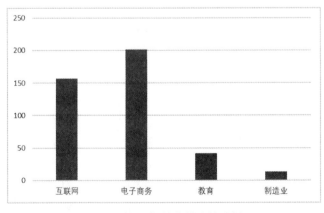

图8-7　行业标签的描述性分析

从上图8-6与图8-7可以发现，门店客户主要以女性为主，从年龄分布来看，年轻人占多数，中年人其次，老年人最少。在行业分布上，大部分的客户在电子商务领域就职，其次是互联网领域、教育领域和制造业领域的人数较少。

通过这些基本的描述性分析，门店经营主就可以知晓自己客户的定位和特征，从而在未来商品采购和营销规划上有所参考。

8.2.4　数据应用第四步：实现数据应用

从业务角度出发，数据分析本身并不是目的，能够对业务指导并且应用落地才是目的。

在微信中，其实很多经营者会在朋友圈推广自己的商品，但这时就会遇到一个基本的问题：如何能在不骚扰用户朋友圈的前提下，精准推广自己的产品呢？

在多数情况下，如果一个门店经营主在朋友圈从早到晚都在营销，那么多数用户会选择屏蔽该经营主的内容，这时使用标签灵活曝光内容就是数据应用的表现之一。

以笔者为例，假设我现在想要在朋友圈推广自己的电商运营书籍，那么我就可以结合行业＋互动频率这两个维度的标签进行筛选。选择行业维度是因为笔者的书籍是针对互联网＋电子商务从业者而写的，所以这类人群的匹配度更高，选择互动频率维度是因为高互动的微信好友会有更大的可能性支持自己的作品，其具体微信操作方式如图8-8所示。

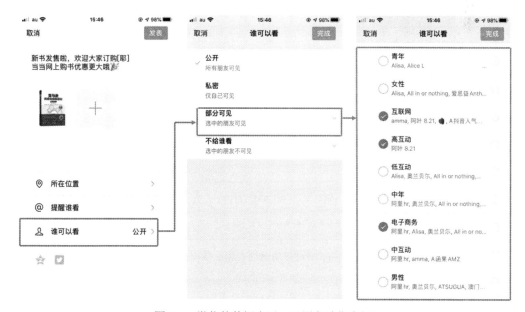

图8-8　微信的数据应用（以图书销售为例）

除了这基本的推广应用外，还有更多的进阶数据应用，例如通过聚类分析来调整货架，通过RFM分析来筛选高价值用户……这些内容将会在本书后续章节中逐一进行介绍。

8.3 数据分析的四大步骤

数据分析本身不是一蹴而就的，其流程可以分为数据获取、数据清洗、数据分析、业务决策四大环节，接下来将结合这四个环节逐一进行讲解。

8.3.1 数据获取

1．埋点

所谓埋点就是在应用中特定的流程收集一些信息，用来跟踪应用使用的状况，后续用来进一步优化产品或是提供运营的数据支持。

埋点本身可以理解为收集用户行为数据的一种方式，在大家日常使用的手机App中，每一次点击、滑动、停留时间等数据都可以通过埋点获取，如图8-9所示。

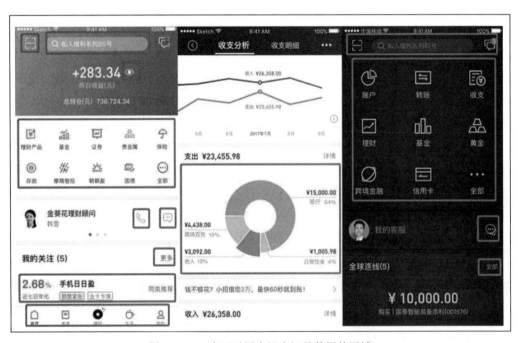

图8-9　App中可以用来埋点记录数据的区域

2．爬虫

所谓网络爬虫指的是按照一定规则，自动地抓取网络信息的程序或者脚本。

爬虫可抓取的数据范围很广，一般而言，只要是前端页面用户可以访问的数据（无论是 PC 端还是 APP 端），爬虫都可以抓取获得，如图 8-10 所示。

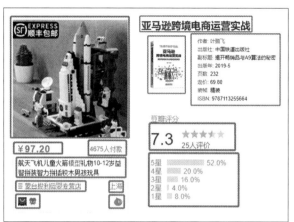

图 8-10　使用爬虫可以抓取到的前端页面信息

3．API 接口

API 指的是应用程序接口，它是一些预先定义的函数，可以在无须访问源码的前提下，使应用程序的开发人员基于某软件或者硬件访问的一组例程。

如果埋点是记录仪，爬虫是采集器的话，API 接口则可以理解为连接器，即可以通过相关接口直接连接访问对象的数据库，从而获取相关数据。在如今的互联网行业，有很多第三方工具所提供的数据服务就是基于平台方提供的 API 接口，如图 8-11 所示。

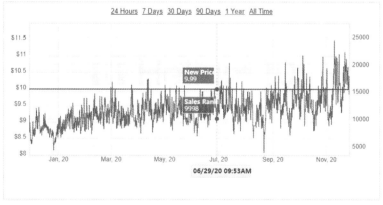

图 8-11　获得亚马逊电商平台 API 接口的第三方数据工具界面

8.3.2 数据清洗

1.缺失值分析

在数据收集时，可能会因为系统遗漏／人工失误导致部分数据遗失，比如想要采集3000人的性别数据，结果最终只有2900个性别数据，那么没有采集到的100人相关数据就是缺失值（或者空值），在进行数据清洗时需要筛除这些无效数据。

2.异常值分析

异常值指的是那些明显错误／不正常的数据，例如在采集身高数据时，如果发现有大量身高数据是2米以上，那么这些数据明显不符合常识，在数据清洗时，就需要将异常值进行剔除。

3.一致性分析

一致性分析指的是数据分析师需要确认数据来源的统一性（同一套数据体系／同一个分析对象／同一段筛选时间），比如在分析门店业绩时，需要确保数据源都来源于同一家门店的同一个时间段，例如A门店2021年1月~6月业绩数据，如果中间混杂了B门店的数据，或者夹杂了A门店2020年的部分数据，那么这就会导致数据来源不统一，从而导致分析结论出现偏差。

8.3.3 数据分析

1.描述性分析

数值分析是描述性分析最经典的分析方式之一，其中包括平均数、极差、标准差、方差和极值等数值分析。

除了上述数值分析的方法外，数据可视化也是描述性分析的手段之一，如图8-12~图8-14所示。

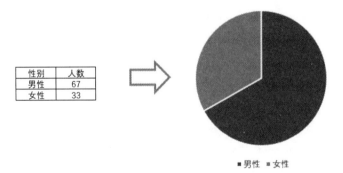

性别	人数
男性	67
女性	33

■男性 ■女性

图8-12　反映比例关系的饼状图

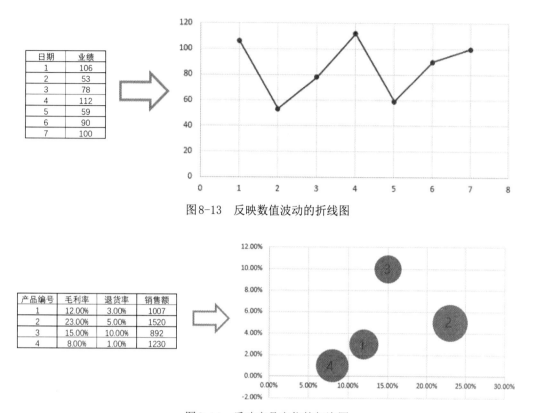

图 8-13 反映数值波动的折线图

图 8-14 反映产品定位的气泡图

2．诊断性分析

诊断性分析与描述性分析不同，它是针对具体需求对数据进行分析，从而找到业务突破口。以业绩波动分析为例，描述性分析会用折线图客观展现数据的波动，但是指导意义不强，而诊断性分析则会告诉业务方哪天业绩波动较大，如果要定 KPI 目标的话如何结合业绩波动来制定未来目标，其方法包括周权重指数、最适化理论、关联性分析，诊断性分析的具体应用笔者会在本书后续章节中结合案例进行讲述。

3．预测性分析

预测性分析指的是结合历史数据，对未来的发展进行预测，其中经典的分析方法是回归分析，如图 8-15 所示。

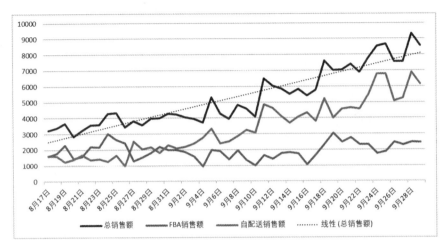

图8-15　使用线性回归来预测未来业绩波动

除了回归分析外，仿真模拟也是预测性分析的一种方法。仿真模拟的本质是通过历史数据构建数学模型，然后依赖随机生成的数据模拟出未来发展的无限种可能，最终帮助业务方评估各个方案未来可能产生的收益及风险。

8.3.4　业务决策

数据分析的最后一个步骤就是业务决策，即通过分析结果指导业务方达成目标，这个目标可能是提升业绩，也可能是降低成本。

业务决策的路径和目标是多种多样的，例如：

- 描述性统计→用户画像→针对性运营；
- 诊断性分析→ROI评估→企业资源配置优化；
- 预测性分析→未来业绩评估→活动策划／人员工作排期；
- 仿真模拟→不同情况风险评估→供应链资源规划。

以上都属于从数据分析到业务决策的路径，在本书的后续章节中笔者将会结合互联网及电子商务的各个案例进行讲解。

第9章

数据分析基本概念
及数学基础

9.1 数据分析的基本思路

无论是在互联网领域还是在传统行业，数据分析本身并不是目的，找到业务的问题所在，并通过数据分析的方式解决问题才是目的。因此，数据分析的基本思路可以被拆解为"找出问题→分析问题→解决问题"三个环节，如图9-1所示。

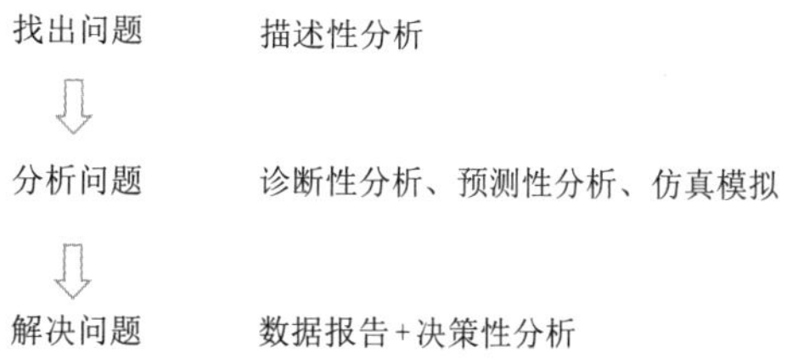

在第一个环节即"找出问题"，数据分析师可以依赖以描述性分析为代表的手段找到业务的痛点。所谓的描述性分析，就是将当下业务所涉及的数据以更容易让人理解的方式展现出来，展现方式包括数值分析、分布分析、可视化分析等。

找出问题	描述性分析
⬇	
分析问题	诊断性分析、预测性分析、仿真模拟
⬇	
解决问题	数据报告+决策性分析

图9-1 围绕业务问题展开的数据分析三个环节

在第二个环节即"分析问题"，当数据分析师通过描述性分析找到业务痛点后，就可以通过以关联分析、预测性分析、仿真模拟为代表的方法对问题进行拆解。例如，关联分析可以帮助业务方知晓不同数据之间的相关性，预测性分析可以通过历史数据预测未来，仿真模拟则可以让数据分析师获知在各种情况下的风险和收益。

在第三个环节即"解决问题"，在经过"找出问题"和"分析问题"两个环节后，数据分析师已经可以从技术和数据层面找到了问题的根源和解决方向，接下来就需要依赖以数据报告为代表的方式告知业务方后续的执行方法。

9.2 描述性分析

9.2.1 数值分析

数值分析是描述性分析最经典也是基本的分析方式之一，其中包括如下数值：（下述公式中的 X 指的是不同的样本数据，x 指的是平均数。）

- 数量：数据集中独立数据的个数；
- 平均数：可用 $(X_1+X_2+X_3+\cdots+X_n)/n$ 表示；
- 极差：可用 $X_{max}-X_{min}$ 表示；
- 标准差：可用 $\sqrt{\dfrac{\sum\limits_{i=1}^{n}(x-\overline{x})^2}{n}}$ 表示；
- 方差：可用 $\dfrac{\sum\limits_{i=1}^{n}(x-\overline{x})^2}{n}$ 表示；
- 极值可用：X_{max}，X_{min} 表示。

除了以上基础的数值分析指标外，数据分析师还可以使用一些进阶指标来对进行分析：

- 众数：出现次数最多的那个变量值；
- 四分位数：把全部数据从小到大排列并分成四等分，处于三个分割点位置的数值，即为四分位数，其中上四分位数指的是数据从小到大排列排在第75%的数字，下四分位数指的是数据从小到大排列排在第25%位置的数字，中间的四分位数即为中位数（如图9-2所示）。

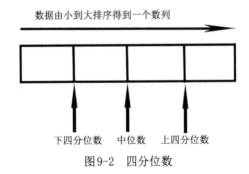

图9-2 四分位数

- 变异系数（离散系数）：标准差和平均值的比值即 $C.V=\dfrac{S}{\overline{x}}\times100\%$，其中 $C.V$ 指的是变异系数，S 指的是标准差，$\overline{x}$ 指的是平均数（变异系数越大，数据的离散程度越大）。

9.2.2　分布分析

1．均匀分布

均匀分布的概率密度函数如下：

$$f(x) = \frac{1}{b-a}, a < x < b$$

$$f(x) = 0, 其他$$

上述公式中，b 为样本 x 数值的上边界，a 为样本 x 数值的下边界。均匀分布是最简单的分布形式，在日常业务分析中，如果数据分析师发现有些事件发生的概率完全一致，那么这类事件就属于均匀分布。

2．正态分布

正态分布，也称"常态分布"，又名高斯分布，是一个非常重要的概率分布。正态曲线呈钟形，两头低，中间高，其分布如图9-3所示。

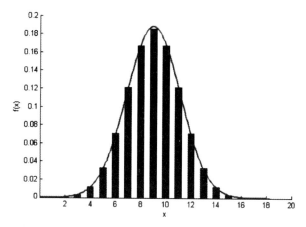

图9-3　正态分布

正态分布的概率分布曲线有如下三个特征：

（1）集中性：正态曲线的高峰位于正中央，即均数所在的位置；

（2）对称性：正态曲线以均数为中心，左右对称，曲线两端永远不与横轴相交；

（3）均匀变动性：正态曲线由均数所在处开始，分别向左右两侧逐渐均匀下降。

如果随机变量 x，服从数学期望 μ，方差 σ^2 的概率分布，且其概率密度函数如下：

$$f(x) = \frac{1}{\sqrt{2\pi}\sigma} \exp\left(-\frac{(x-\mu)^2}{2\sigma^2}\right)$$

则这个随机变量就被称为正态随机变量，正态随机变量服从的分布就称为正态分布，记作 $x \sim N(\mu, \sigma^2)$，即服从 $N(\mu, \sigma^2)$，x 服从正态分布，前文中的 N 的含义为 Normal distribution，在数学公式中取英文词组的第一个字母 N。

需要注意的是，当 $\mu=0$，$\sigma=1$ 时，正态分布就成为标准正态分布，其概率密度函数如下：

$$f(x)=\frac{1}{\sqrt{2\pi}}\mathrm{e}^{\left(-\frac{x^2}{2}\right)}$$

正态分布是最常见的一种分布形式，生活和商业领域很多数据符合正态分布，例如就职者的收入、男性/女性的身高等。

3．长尾分布

在电子商务乃至互联网领域，长尾分布十分常见。互联网上从歌曲和软件的下载、网页的点击到网上店铺的销售，都呈现长尾分布的特征。长尾分布的概率分布如图9-4所示。

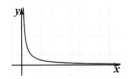

图9-4　长尾分布示意图

如图9-4所示，长尾分布曲线头部位置较高，而随着序号的增大，曲线徒然下降，但在尾部位置曲线并没有迅速坠落到零，而是极其缓慢地贴近于横轴。

以电商平台"淘宝"为例，通过"淘宝"PC端前台网页搜索"笔记本电脑"关键词，然后选择销量由高到低排列，就可以得到图9-5所示的搜索界面。

图9-5　选择销量从高到低排名的曝光界面

依次记录了前100个搜索排序商品的月销量，可以得到如图9-6所示的产品销量柱状图。

其中柱状图的横轴为不同的搜索排序，纵轴为不同搜索排序商品的月销量，该图像形状与上文中提及的"长尾分布"非常相似。

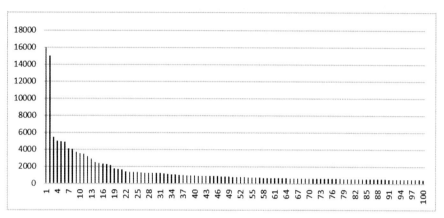

图9-6 前100个曝光产品的销量柱状图

针对"长尾分布"，对数函数（$y=\ln x$）可以有效地分析该分布中不同次序商品对应销量的关系，对数函数的仿真图像与"长尾分布"的图像也非常类似，如图9-7所示。

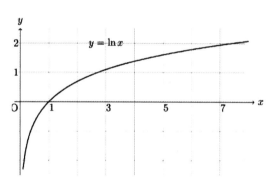

图9-7 对数函数的仿真图像

因此，针对商品排名数据，选择对数函数对排名进行分析是非常有效的数据处理方法，因为对数函数除了可以应对"长尾分布"的问题外，还可以对销量与排名的关系进行有效的预测。例如，在亚马逊电商平台，数据分析师无法通过前台观察不同产品的实际销量（国内"淘宝"电商平台则可以直接看到不同商品的月销量数据），因此如何通过排名预测销量成为很多数据分析师关心的问题。与此同时，许多学术研究发现"采用了对数函数的销售数据与采用了对数函数的排名数据之间的关系接近线性"。因此，对亚马逊电商平台的排名数据进行对数函数的取值，有助于数据分析师对产品的真实销量进行有效的预测（本书在亚马逊电子多渠道管理案例中，笔者会结合排名数据以及对函数的应用做更深入的讲解）。

9.2.3 可视化分析

可视化分析是描述性分析里最常见的一种分析方式，数据分析师可以根据不同的分析目的选择适合的可视化方式。

1．利用二维柱状图比较数值大小

作为基本的图表形式，二维柱状图常用来比较数值大小，如图9-8所示。

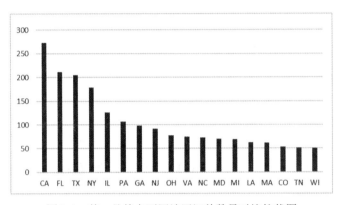

图9-8　某一品牌在不同地区订单数量对比柱状图

从图9-8中可以直观地了解不同地区订单数量上的差异，柱状图的横轴代表了美国不同的州，纵轴则表示一个季度内该地区产生的订单数量。从图中可以看到CA地区的订单数是最大的，FL与TX地区紧跟其后，NY、IL、PA地区分别排列第4～6位，剩下的地区订单数都小于100单。

2．利用排列图分析累加数值

在商业领域"二八分布"现象很常见，即"20%的区域/用户占据了80%的市场份额"。因此，为了能够通过图表找到那80%的市场，数据分析师可以借助排列图进行分析。

如图9-9所示，图表的横轴代表了不同的地区，图表的左纵轴代表了不同地区的订单数，图表的右纵轴代表了订单累计数量占订单总数的比例。因此，如果数据分析师想要知晓自身品牌80%的市场份额来自哪些地区，就可以先从右纵轴中找到80%的数值，再通过地区对应关系找到相关联的订单产生地，如图9-10所示。

3．利用散点图比较信息对象

作为常用的图表形式，散点图常用来比较各个信息对象的不同，如图9-11所示。

从图9-11中可以看到不同产品的定位，表格的横轴代表了不同产品的业绩增长率，表格的纵轴代表了不同产品的总订单额。例如，表格左上角的位置代表了低增长率但高订单额的产品；表格右下角的位置代表了高增长率但低订单额的产品，处于这个区域的产品一般会被认为是潜力产品。

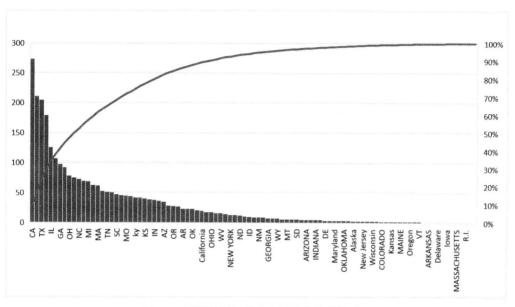

图9-9 不同地区订单分布累计占比的排列图

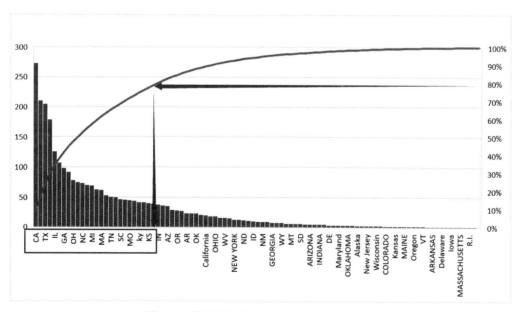

图9-10 排列图中的"二八分布"分析示意图

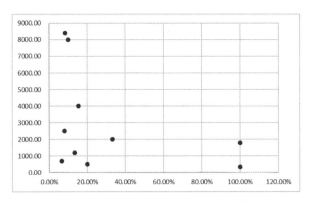

图9-11　某一品牌10个产品的业绩增长率（横轴）与订单额（纵轴）的散点图

4．利用气泡图观察多指标间的关系

虽然普通散点图已经可以对比不同信息对象之间的关系，但就如同二维柱状图一样，散点图能够承载的信息量非常有限，这时候如果想要在图表中添加更多的信息，数据分析师可以使用气泡图来完成，如图9-12所示。

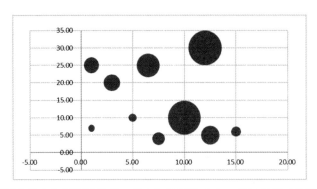

图9-12　不同产品广告投资回报率、单个订单平均成本、总订单额三种数据的气泡图

在图9-12所示的气泡图中，横轴代表了10个不同产品的广告投资回报率即ROI，纵轴代表了10个不同产品的单个订单的平均成本（订单成本不仅仅包含广告成本，还包含了库存成本、人工成本、生产成本在内的所有费用支出），气泡图中气泡的面积大小代表了不同产品的总订单额。

气泡图和散点图一样，不同的区域也拥有不同的含义：表格左上角的位置意味着低投资回报率且高订单成本，那么处于这个区域的产品就是表现较为糟糕的产品；表格右下角的位置意味着高投资回报率且低订单成本，那么处于这个区域的产品就是表现较为优秀的产品。

除此之外，气泡图中的气泡面积可以结合气泡区域进行分析，例如，如果有产品处于气泡图左上角区域，且气泡面积较大（即订单额较高），那么作为数据分析师可以有两种策略：一是优化该产品使其逐渐转移到气泡图的其他位置，二是尽量减小该产品气泡的面积（即减少该产品的订单额）从而能够控制风险。反之亦然，如果有产品处于气泡图右下角区域，且气泡面积较小（即产品订单额较低），那么作为数据分析师只需要在维持该产品气泡位置不变的情况下，尽量扩大气泡面积（即增加产品订单额）即可。

5．利用折线图观察时间序列数据

折线图是最常见的图表之一，在处理日常数据时，数据分析师时常需要运用折线图来进行业绩分析和运营决策，而折线图本身就是处理这类时间序列数据的利器。时间序列数据是在不同时间上收集到的数据，这类数据是按时间顺序收集到的，用于所描述现象随时间变化的情况。零售行业的每日销售业绩就属于时间序列数据中的一种，笔者以亚马逊平台某一美国品牌的业绩数据为例，其生成的折线图如图9-13所示。

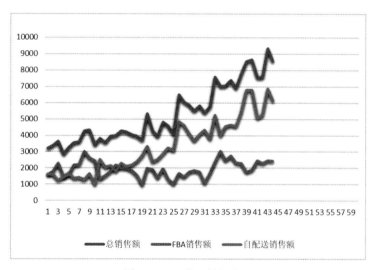

图9-13　运营业绩折线图

如图9-13所示，折线图的横轴代表了不同的运营天数，即第1天到第60天，纵轴代表了当天的业绩。图表中一共包含了三种不同的业绩数据，分别为"总销售额""FBA 销售额"（FBA 即"Fulfillment by Amazon"指的是亚马逊"prime order"配送服务）和"自配送销售额"（自配送又被称为FBM即"Fulfilment by Merchant"），其中"总销售额"＝"FBA 销售额"＋"自配送销售额"。

从图中可以看到"总销售额"与"自配送销售额"都处于一个快速上升的阶段，而"FBA 销售额"处于一个震荡波动的阶段。

6．利用雷达图展现多维数据

雷达图与上述的柱状图、散点图、折线图不同，其核心思想是"多维对比"，它能够直观地呈现信息对象在多个指标上的对比情况。

从图9-14中的雷达图中可以看到，产品A在销售额属性上的表现是最佳的，但是其在产品生命周期与review评分上表现较差，与之相反的是产品B与产品D，虽然它们销售额一般，但是产品生命周期较长，review评分也较为理想。通过雷达图数据分析师就可以直观地对比不同产品的多个属性，从而对于各个产品的定位有一个更加清晰的理解。

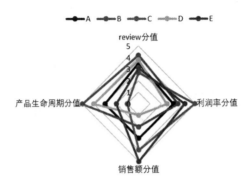

图9-14　产品多维度信息展示的雷达图

7. 利用漏斗图分析数据转化

在电子商务及零售领域，为了能够知晓用户在不同环节中流失的比例，数据分析师可以通过漏斗图追踪各个环节的转化效率。

在图9-15所示的漏斗图展示了电商运营过程中常见的"商品链接曝光漏斗"情况，漏斗的最上端为"曝光量"，其次为"点击量"，之后为"订单量"，最后是"留评量"，在这个案例中，从曝光→点击的流量流失率为：（1 000-300）/1 000=70%，从点击→订单的流量流失率为：（300-60）/300=80%，从订单→留评的流量流失率为：（60-6）/60=90%。

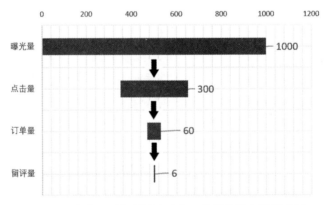

图9-15　电商及零售领域追踪各环节转化效率的漏斗图

除了上述数据可视化形式外，还存在有瀑布图、词云图、动态排列图等多种进阶描述性分析方法，将在后续章节中结合具体的案例进行讲解。

9.3　诊断性分析

9.3.1　关联分析

关联分析是诊断性分析中最常用的一种方法，其目的是帮助数据分析师寻找与因变量有强关联的变量，如图9-16所示，与因变量呈现出正相关、零相关、负相关的变量有着不同的可视化表现形式：

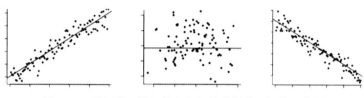

图9-16　正相关、零相关和负相关数据的可视化示意图

在图9-16左表示的是有正相关性的数据可视化图表，其含义为，当自变量变大或者变小时，因变量会有相同方向的变化（需要注意的是，两个数据呈现出关联性并不意味着其中一个变量就一定决定了另外一个变量的变化）。

在图9-16中表示的是有零相关性的数据可视化图表，其含义为，当自变量变大或者变小时，因变量不会产生任何变化。

上图9-16右表示的是有负相关性的数据可视化图表，其含义为，当自变量变大或者变小时，因变量会有相反方向的变化。

除了用可视化的方法来判断数据关联性外，数据分析师可以使用皮尔逊相关系数来进行精准判断，其计算公式如下

$$Cov(x,y) = \frac{\sum_{i}^{n}(x_i - \bar{x})(y_i - \bar{y})}{N-1}$$

其中 n 代表了样本数量，x 与 y 代表了两个可能相关的变量。需要注意的是，皮尔逊相关系数只适用于线性数据，对于非线性数据建议使用可视化的方式进行判断，如图9-17与图9-18所示的就是非线性数据的可视化图表。

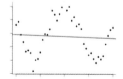

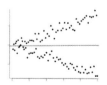

图9-17　非线性数据的可视化图1（此时皮尔逊
相关系数为-0.028并不能用来
评估数据之间的相关性）

图9-18　非线性数据的可视化图2（此时皮尔逊
相关系数为0.014并不能用来
评估数据之间的相关性）

9.3.2 波动分析（以周权重指数为例）

在电商和零售行业，从业绩数据的波动中找到有价值信息是数据分析师的日常工作之一，因此，本小节将会针对该场景介绍一种全新的数据模型工具：周权重指数。

在大多数的零售场景下，每周周末销售额会降低，周一至周五销售额会回升但略有波动，例如某一零售商业绩波动及对应日期如图9-19所示。

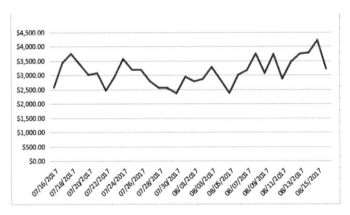

图9-19　某一零售商业绩波动趋势

通过对图9-19中的业绩数据与日历的对比，可以得出以下简要结论：

（1）周三处于一周中的销售额低谷，但不是最低值；

（2）周六处于一周中的销售额低谷，且大概率为最低值；

（3）销售额数值于周日至周二以及周四至周五属于增长期。

通过如上所述的经验验证，数据分析师可以发现销售数据以周为单位进行循环，因此可以使用周权重指数作为指标。

周权重指数的计算方法如下：

（1）收集最近一个完整年度的销售数据；

（2）剔除大型促销/秒杀带来的异常值数据；

（3）将其余数据按周排序，如果在Excel表中进行操作，则可以将行标签设置为第几周，列标签设置为星期几，计算平均日销量；

（4）取平均日销量最低的销售数据，将其日销售权重指数设为1，然后用其他6天的平均值除以该日平均值，得到其他6天的日销售权重指数；

（5）将每日权重指数相加，得到最终的周权重指数。周权重指数最小应该是7，周权重指数越大说明销售越不稳定，假设某公司销售额统计如图9-20所示。

数据分析师可以通过一年中每周的日业绩，来计算周一到周日的全年日平均业绩，然后将日均业绩最低值"6 091.86"即周日的日销售权重指数设置为1，那么周一到周六的日销售权重指数也可以通过计算获得，最后就可以得到周权重指数。

周	星期一	星期二	星期三	星期四	星期五	星期六	星期日
1				8563	6611	7772	5278
2	6857	6619	6042	5191	5752	7605	6400
3	7679	6706	6794	5529	7364	6881	6586
4	5404	7180	5422	5946	5123	7221	5623
...	...	...	...	...	...	...	...
50	5507	7596	6156	7898	5789	7892	5726
51	6465	7766	6623	7022	7474	7785	6091
52	5878	6616	5498	6225	5272	6508	6939
53	5610	6586	7088	8149			
平均值	6200.00	7009.86	6231.86	6815.38	6197.86	7380.57	6091.86
加权指数	1.02	1.15	1.02	1.12	1.02	1.21	1.00
周权重指数	7.54						

图 9-20　运营团队/企业销售额统计

9.4　预测性分析

9.4.1　线性回归

当数据分析师需要通过历史数据对未来进行预测时，线性回归都是最常见的分析工具。线性回归主要应用于预测定量值，所谓的定量值指的是数学意义上连续或定量的输出值，例如工资、业绩、价格等。与定量值相对的是定性值，所谓的定性值指的是逻辑意义上分类或定性的输出值，例如性别、种类、性质判断等，关于定性值的预测笔者会在 11.4.2 的非线性回归中进行讲解。

线性回归的基础形式是简单线性回归，它是一种基于自变量 X 来预测因变量 Y 的方法，简单线性回归假定 X 和 Y 之间存在近似线性关系，这种线性关系如下：

$$Y \approx \beta_0 + \beta_1 X$$

在上述公式中，β_0 和 β_1 是两个未知常数，它们表示线性模型中的截距和斜率，β_0 和 β_1 一起被称为模型系数或参数。

关于 β_0 和 β_1 的真实数值是无法直接获知的，数据分析师只能通过训练数据得出模型系数的估计值 $\widetilde{\beta_0}$ 和 $\widetilde{\beta_1}$，从而使用如下公式来预测未来数据的波动：

$$\widetilde{y} \approx \widetilde{\beta_0} + \widetilde{\beta_1} x$$

公式中 $\widetilde{y}$ 表示的是当自变量的数值为 $X=x$ 时，因变量 Y 的预测值是多少。

接下来笔者将结合图表来讲解线性回归的价值，假设现在业务方有两种定量数据 A 和 B，其中 A 的变化会直接影响 B 的大小，这时如果用散点图来展现 A 和 B 的关系，则可以将 A 数据定位在 x 轴，B 数据定位在 y 轴，如图 9-21 所示。

如图 9-21 所示，从肉眼上可以看到当 A 数据变大（即 x 轴数据变大）时，B 数据也有规律地在变大（即 y 轴数据变大），而线性回归则能更直观地展现两者的关系，如图 9-22 所示。

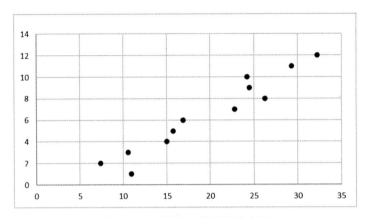

图9-21　A数据与B数据的散点图

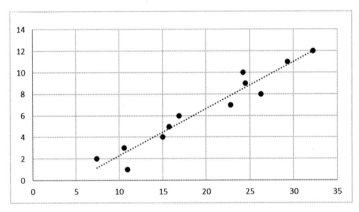

图9-22　简单线性回归图

通过图9-22所示的回归线，数据分析师就可以通过回归线的数学表达式来对未来进行预测。因此，为了确保数学表达式的正确性，数据分析师需要通过使用最小二乘法来估算参数，从而计算出$\widetilde{\beta_0}$和$\widetilde{\beta_1}$。令$\widetilde{y_i} = \widetilde{\beta_0} + \widetilde{\beta_1}x_i$，（其中$\widetilde{y_i}$指的是因变量的预测值，$x_i$指的是自变量），其含义为基于样本$x$的第$i$个值计算所得的对$y$的预测值，然后令（其中$e^i$指的是因变量与因变量预测值之间的差），其含义为第$i$个残差，即第$i$个观察到的响应值

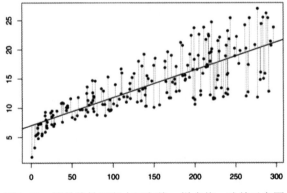

图9-23　简单线性回归中回归线、样本值、残差示意图

y_i与第i个由线性模型预测的响应值$\widetilde{y}$之间的差。如图9-23所示，图中斜线为回归线，点

为观察到的样本值(x_i, y_i)，红点距离回归线上$(x_i, \widetilde{y_i})$的垂直线指的是残差，其垂直线越长，残差越大。

如图9-24所示，图中平面由回归线延展出来的平面，圆点为观察到的样本值(x_{i1}, x_{i2}, y_i)，圆点距离回归线上$(x_{i1}, x_{i2}, \widetilde{y_i})$的垂直线指的是残差，其垂直线越长，残差越大。

在线性回归的具体业务应用中，数据分析师可以借助如Excel、Python之类的工具自动化计算回归系数和回归效果，具体的操作内容笔者将会在本书后续章节中介绍。

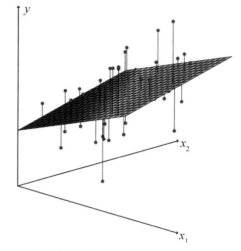

图9-24　多元线性回归中回归线、样本值、残差示意图

9.4.2　非线性回归

虽然线性回归已经可以处理大部分定量值预测的问题，但是当遇到定性值预测或者分类预测问题的时候，数据分析师需要使用非线性回归进行处理，在本小节，笔者将结合非线性回归中经典的逻辑回归进行讲解。

所谓的逻辑回归，就是通过数学转换的方式，将因变量的取值范围由线性回归的$[-\infty, +\infty]$转变为$[0,1]$，其目的是在定性值预测中使预测值具有数学含义。例如，如果数据分析师要通过一群用户的年龄、体重、身高来预测用户的性别，那么此时因变量只有0（女性）和1（男性）两个变量，处于0~1之间的数字则为该用户属于女性或者男性的概率，越靠近0，该用户是女性的概率越大；越靠近1，该用户是男性的概率越大，而此时任何小于0或者大于1的预测值都是没有意义的。

如果用线性回归来应对上述预测性别的案例，数据分析师可能会得到如图9-25所示的图表，该图表中预测值会有小于0和大于1的部分，这部分数据属于无意义数据。

如果用逻辑回归来应对同样的性别预测案例，数据分析师可以得到如图9-26所示的图表，该图表中所有的预测值都处于0~1之间，所有预测值都有意义。

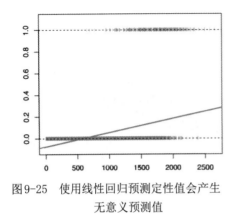

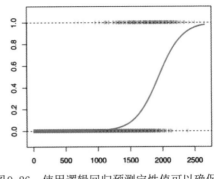

图9-25 使用线性回归预测定性值会产生 无意义预测值 | 图9-26 使用逻辑回归预测定性值可以确保 所有预测值都有意义

了解了逻辑回归存在的意义后，数据分析师可以使用回归公式进行操作如下。

$$y = \frac{e^{x\beta}}{1 + e^{x\beta}}$$

根据9.4.1小节的内容，简单线性回归的系数可以使用最小二乘法来进行计算，但是逻辑回归的系统则需要使用极大似然估计来进行计算。

似然的概念是相对于概率而存在的。所谓的概率，是在已知一些概率分布参数的情况下，预测观测的结果；而似然，则是用于在已知某些观测所得到的结果时，对观测结果所属的概率分布参数进行估值，其中概率分布可以用概率密度函数进行评估，概率密度函数是用来描述某个随机变量取某个值的时候，取值点所对应概率的函数。

接下来笔者将会以图解的方式讲解似然在概率分布估计时的应用。

如图9-27所示，图中黑点表示的是观测结果，图中曲线线条表示的是概率密度函数。图例一共有六张子图组成，其中上边两张子图9-27（a）和（b）中和中间两张子图9-27（c）和（d）中都拥有两个观测结果，下边两张子图9-27（e）和（f）中拥有多个观测结果。

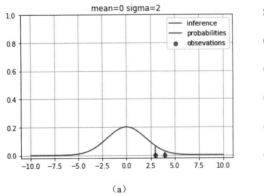

（a）

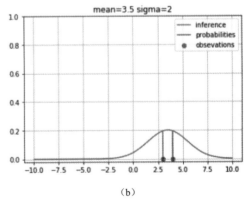

（b）

图9-27 似然在概率分布估计时的应用图例

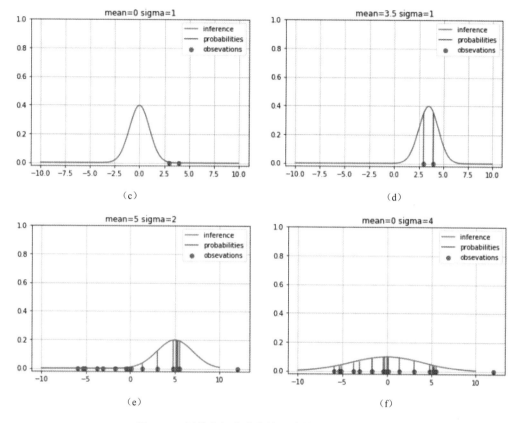

图 9-27　似然在概率分布估计时的应用图例（续）

在图 9-27 上边两张子图中，子图（a）两个观测点对应的概率乘积要远低于子图（b）对应的概率乘积，考虑到任何被观测到的观测点应该不属于小概率事件，所以子图（b）要比子图（a）在概率分布上更合理。

在中间两张子图中，中间子图（c）两个观测点对应的概率乘积要远低于子图（d）对应的概率乘积，考虑到任何被观测到的观测点应该不属于小概率事件，所以中间子图（d）要比中间子图（c）在概率分布上更合理。

在下边两张子图中，子图（e）多个观测点对应的概率乘积要低于子图（f）对应的概率乘积（因为子图（e）中多个观测点对应的概率接近于 0），考虑到任何被观测的观测点应该不属于小概率事件，所以子图（f）要比子图（e）在概率分布上更合理。

9.5 仿真模拟

9.5.1 仿真模拟的理论应用

所谓仿真，指的是利用计算机技术将随机生成的数值代入到数学模型中，同时记录系统中各个状态量的变化，最终以图表的形式将数据分析结果进行实际应用。

仿真模拟除了在业务上有大量应用外（在9.5.2小节中讲解仿真模拟在游戏抽奖、零售备货上的应用），在学术领域也可以作为一种手段去做理论研究。

以估算为例，传统的计算方法需要使用高等数学知识，但是通过仿真模拟的方法计算 π 则只需要使用简单的随机和计数即可。

在使用仿真模拟法估算 π 的值具体如下：

（1）构建一个边长为2单位的正方形；

（2）构建一个半径为1单位的正圆；

（3）构建一个二维坐标系，其中原点（0,0）位于正方形与圆的正中心；

（4）在该正方形内随机生成10 000个数据点；

（5）计算每个数据点到原点（0,0）的距离，如果距离为1，则不计数，否则计数加1；

（6）因为圆的面积公式为 πr^2（其中 r 指的是半径，在本案例中半径为1），且正方形的面积公式为 l^2（其中 l 指的是边长，在本案例中边长为2），所以由步骤（5）获取的总计数除以10 000的比例，就约等于 $\pi r^2 \div l^2$ 的结果，由于 $\pi r^2 \div l^2$ 中 r 与 l 的数值已知，此时数据分析师就可以估算出 π 的大小。

上述逻辑如果通过Python语言进行实现，代码如图9-28所示。

在图9-28和图9-29所示的Python代码和执行结果。

```
In [21]: n=10000

r=1.0
a,b=(0.0,0.0)

xmin,xmax=a-r,a+r
ymin,ymax=b-r,b+r

x=np.random.uniform(xmin,xmax,n)
y=np.random.uniform(ymin,ymax,n)

fig=plt.figure(figsize=(6,6))
axes=fig.add_subplot(1,1,1)
plt.plot(x,y,'ro',markersize=1)
plt.axis('equal')

d=np.sqrt((x-a)**2+(y-b)**2)
res=sum(np.where(d<r,1,0))

pi=4*res/n
pi

Out[21]: 3.1728
```

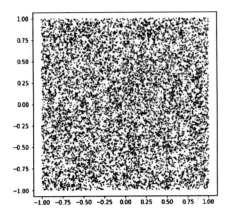

图9-28　仿真模拟的Python执行代码　　图9-29　图中方框为边长为2的正方形，图中圆
　　　　　　　　　　　　　　　　　　　　　　　点为随机生成的10 000个数据点

9.5.2　仿真模拟的业务应用

1. 仿真模拟在游戏抽奖领域的应用

（1）业务背景介绍：

在《××》游戏中，角色一般是通过抽卡获取，其游戏抽卡规则如图 9-30 所示。

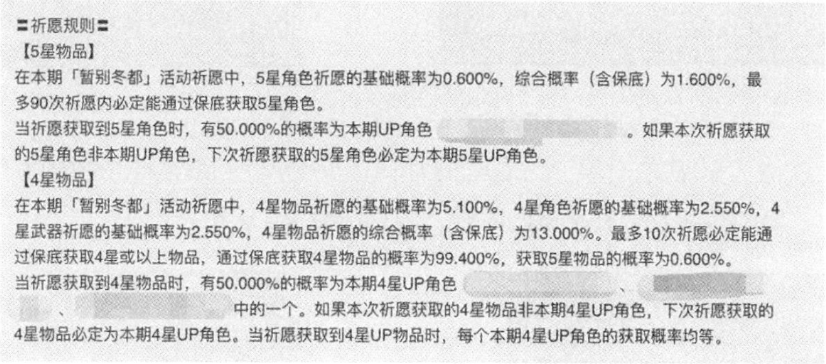

〓祈愿规则〓

【5星物品】

在本期「暂别冬都」活动祈愿中，5星角色祈愿的基础概率为0.600%，综合概率（含保底）为1.600%，最多90次祈愿内必定能通过保底获取5星角色。

当祈愿获取到5星角色时，有50.000%的概率为本期UP角色 。如果本次祈愿获取的5星角色非本期UP角色，下次祈愿获取的5星角色必定为本期5星UP角色。

【4星物品】

在本期「暂别冬都」活动祈愿中，4星物品祈愿的基础概率为5.100%，4星角色祈愿的基础概率为2.550%，4星武器祈愿的基础概率为2.550%，4星物品祈愿的综合概率（含保底）为13.000%。最多10次祈愿必定能通过保底获取4星或以上物品，通过保底获取4星物品的概率为99.400%，获取5星物品的概率为0.600%。

当祈愿获取到4星物品时，有50.000%的概率为本期4星UP角色 、 、 中的一个。如果本次祈愿获取的4星物品非本期4星UP角色，下次祈愿获取的4星物品必定为本期4星UP角色。当祈愿获取到4星UP物品时，每个本期4星UP角色的获取概率均等。

图 9-30　《××》游戏的抽卡规则截图

抽卡的规则可以简化为如下信息：

- 每次抽卡获得 5 星角色的概率为 0.6%；
- 如果连续 89 次没有抽出 5 星角色，那么第 90 次抽卡一定会抽出 5 星角色（在游戏内被称为保底机制）。

那么在这两个条件下，获得 5 星角色的综合概率会是多少呢？为了解决这个问题，数据分析师可以采用数学仿真的方法来模拟抽卡，以此计算综合概率即数学期望。

（2）数学原理介绍：

数学仿真计算这种概率性问题，可以视为计算事件期望，数学期望反映了随机变量平均取值的大小。如一个骰子六个面分别对应数字 1～6，假设每个面的概率相同，当多次掷色子时，所得点数期望的计算方法为：$1/6\times1+1/6\times2+1/6\times3+1/6\times4+1/6\times5+1/6\times6=3.5$。

即当扔骰子的次数为无限大时，它的平均值将为 3.5。下面用一个简单的程序来验证，如图 9-31 所示。

在图 9-31 所示的代码中有如下说明：

- 第一行是导入随机数模块；
- 第二行设定了掷出的点数总和；
- 第三行使用了一个 for 循环，每次都生成一个范围为 1～6 的随机数，来模拟这个六个面的骰子；
- 第四行则是每次都将生成的随机数加到 Sum 里，也就是对这些结果求和。
- 第五行则计算这五次的平均数。
- 第六行输出了这个平均数，获得结果为 2.8。

接下来将会增加扔骰子的次数，从而获得新的结果，如图9-32～图9-34所示。

```
import random
Sum=0
for i in range(5):
    Sum+=random.randint(1,6)
mean=Sum/5
print(mean) #2.8
```

图9-31　代码1

```
>>> import random
... Sum=0
... for i in range(50):
...     Sum+=random.randint(1,6)
... mean=Sum/50
... print(mean)
...
3.04
>>>
```

图9-32　代码2

当随机次数为50次的时候，仿真结果为3.04。当随机次数为500次的时候，仿真结果为3.526。当仿真次数为5000次的时候，仿真结果为3.516 8。

```
>>> import random
... Sum=0
... for i in range(500):
...     Sum+=random.randint(1,6)
... mean=Sum/500
... print(mean)
...
3.526
>>>
```

图9-33　代码3

```
>>> import random
... Sum=0
... for i in range(5000):
...     Sum+=random.randint(1,6)
... mean=Sum/5000
... print(mean)
...
3.5168
>>>
```

图9-34　代码4

考虑到以上结果均为随机生成结果，所以读者如果在电脑上重新执行上述代码，结果可能和笔者获取的结果不太一样，但最终一定会满足这样的规律：当重复次数接近无穷大时，骰子扔出的所有数的算数平均数一定收敛于期望值，这个规律在统计学中被称为大数定律，也是数学仿真法的理论基础。

在原抽卡的例子里，数据分析师可以通过之前的两个抽卡条件，使用数学仿真根据大数定律来获得抽出五星角色概率的数学期望。

（3）游戏仿真代码及代码解释：

首先使用一个足够大的数，假设抽取了100 000次，那么根据上文中提到的两个抽卡规则，可以用图9-35所示的代码进行仿真操作：

- 第一行是导入随机数模块；
- 第二行num设为中奖次数；
- 第三行的NotWin表示连续未中奖次数；
- 第四行开始使用了一个for循环，其含义为仿真抽卡10万次。

每一次循环都会执行以下操作：

```
1    import random
2    num = 0 #中奖次数
3    NotWin = 0 #保底数字（连续）
4    for i in range(100000):
5        if NotWin == 89:#如果没中奖的次数累计到了89次，那么这次将必中5星角色，并且将连续未中奖次数清零
6            num += 1
7            NotWin = 0
8        if random.randint(1,1000) <= 6: #如果概率落在6/1000，即规则1中的0.6%
9            num += 1 #中奖次数加1
10           NotWin = 0#连续未中奖次数清零
11       else:
12           NotWin += 1
13   print(num/100000)#0.01426
```

图9-35　执行仿真操作代码

因为代码执行顺序会导致计数上的不同，所以先写与规则第二条相关的代码，即保底机制的代码。第5行代码中的if，指的是如果连续累计了89次未能抽出5星角色，那么第90次必抽出5星角色，即num+1（第6行），并且保底清零（第7行）。

接下来再写与规则第一条相关的代码。在第8行中的if语句中，以1~1000的随机数来实现规则中的0.6%抽出5星的概率，也就是如果这里的随机数小于或等于6，则视为抽出了5星角色。此时，中奖次数num+1（第9行），因为抽中了5星角色，保底也就是连续未中奖次数清零（第10行）；否则（第11行的else，对应第8行的if）没有抽出5星角色的情况下，连续未中奖次数+1（第12行）。

最后输出平均每次抽中5星的概率，即抽中5星的次数除以10万次仿真次数的结果。

如图9-36所示，最后笔者从两个规则中得到了抽出5星角色的综合概率为1.4%左右，这也是在给出的规则下，通过数学仿真收敛法得到5星概率期望。

```
>>> import random
... num = 0 #中奖次数
... NotWin = 0 #保底数字（连续）
... for i in range(100000):
...     if NotWin == 89:#如果没中奖的次数累计到了89次，那么这次将必中5星角色，并且将连续未中奖次数清零。
...         num += 1
...         NotWin = 0
...     if random.randint(1,1000) <= 6: #如果概率落在6/1000，即规则1中的0.6%
...         num += 1 #中奖次数加1
...         NotWin = 0#连续未中奖次数清零
...     else:
...         NotWin += 1
... print(num/100000)
...
0.01427
>>>
```

图9-36　得到5星概率期望代码

2．仿真模拟在仓储备货领域的应用

注意：本小节所讲解的图表示例对应Excel文件"仿真型仓储备货分析"，请读者根据自身学习需要自行下载查看。

在零售行业，一个产品的日销量虽然会有所波动，但是其波动的范围仍然可被预测。与此同时，为了能够更加精确地衡量一个产品销量的波动范围，数据分析师可以使用数学中的标准差来计算。

标准差SD的计算公式如下：

$$SD = \sqrt{\frac{1}{N}\sum_{i=1}^{N}\left(x_i - \overline{x}\right)^2}$$

其中$\overline{x}$表示的是日均销售量，x_i表示的是某一天即第i天的销售量，N表示记录的总天数。例如，A、B两个产品各有六天的销售数据，A产品六天的销量分别为95、85、75、65、55、45，B产品六天的销量分别为73、72、71、69、68、67。虽然这两组的平均数都是70，但A组的标准差约为17.08，B组的标准差约为2.16，说明A产品销售数据的波动比B产品大得多。

在了解了标准差的计算方式后，数据分析师就可以利用该数值对未来产品的销量进行预测，同时结合预测的结果计算不同备货数量造成的利润差异。在本小节中，笔者将结合Excel表格对拥有不同销量波动的产品进行备货利润预测。

首先，打开名为"仿真型仓储备货分析"的Excel表格，其页面如图9-37所示。

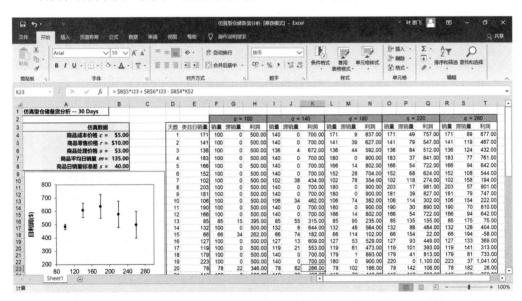

图9-37 "仿真型仓储备货分析"Excel表格页面

该表格一共由三个部分组成，第一部分为"仿真数据"部分，如图9-38所示；第二部分为"仿真图表"部分，如图9-39所示；第三部分为"模拟数据"部分，如图9-40所示。

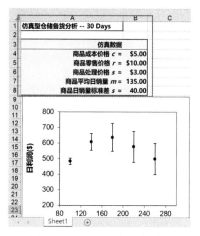

图 9-38　"仿真数据"部分

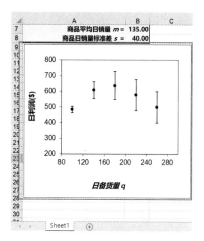

图 9-39　"仿真图表"部分

天数	类目日销量	q = 100			q = 140			q = 180			q = 220			q = 260		
		销量	滞销量	利润	销量	滞销量	利润	销量	滞销量	利润	销量	滞销量	利润	销量	滞销量	利润
1	171	100	0	500.00	140	0	700.00	171	9	837.00	171	49	757.00	171	89	677.00
2	141	100	0	500.00	140	0	700.00	141	39	627.00	141	79	547.00	141	119	467.00
3	136	100	0	500.00	136	4	672.00	136	44	592.00	136	84	512.00	136	124	432.00
4	183	100	0	500.00	140	0	700.00	180	0	900.00	183	37	841.00	183	77	761.00
5	166	100	0	500.00	140	0	700.00	166	14	802.00	166	54	722.00	166	94	642.00
6	152	100	0	500.00	140	0	700.00	152	28	704.00	152	68	624.00	152	108	544.00
7	102	100	0	500.00	102	38	434.00	102	78	354.00	102	118	274.00	102	158	194.00
8	203	100	0	500.00	140	0	700.00	180	0	900.00	203	17	981.00	203	57	901.00
9	181	100	0	500.00	140	0	700.00	180	0	900.00	181	39	827.00	181	79	747.00
10	106	100	0	500.00	106	34	462.00	106	74	382.00	106	114	302.00	106	154	222.00
11	190	100	0	500.00	140	0	700.00	180	0	900.00	190	30	890.00	190	70	810.00
12	166	100	0	500.00	140	0	700.00	166	14	802.00	166	54	722.00	166	94	642.00
13	85	85	15	395.00	85	55	315.00	85	95	235.00	85	135	155.00	85	175	75.00
14	132	100	0	500.00	132	8	644.00	132	48	564.00	132	88	484.00	132	128	404.00
15	66	66	34	262.00	66	74	182.00	66	114	102.00	66	154	22.00	66	194	-58.00
16	127	100	0	500.00	127	13	609.00	127	53	529.00	127	93	449.00	127	133	369.00
17	119	100	0	500.00	119	21	553.00	119	61	473.00	119	101	393.00	119	141	313.00
18	179	100	0	500.00	140	0	700.00	179	1	893.00	179	41	813.00	179	81	733.00
19	223	100	0	500.00	140	0	700.00	180	0	900.00	220	0	1,100.00	223	37	1,041.00
20	78	78	22	346.00	78	62	266.00	78	102	186.00	78	142	106.00	78	182	26.00

图 9-40　"模拟数据"部分

在使用该表格时，数据分析师首先需在"仿真数据"部分输入自身产品的相关销售数据，其中包含了单个商品成本（包含商品生产成本、物流成本、人工成本、仓储成本等）、零售价格（指销售价格）、处理价格（指在商品滞销时采用的促销价格）、日均销量、日销量标准差。在本例中，商品单个成本为 5 美元，零售价格为 10 美元，处理价格为 3 美元，最近 1 个月产品的日均销量为 135 件，销量标准差为 40，如图 9-41 所示。

图 9-41　仿真数据

虽然产品的日均销量为 135 件，但是其标准差为 40，说明销量存在较大的波动，因此，在本案例中，对于日均备货量进行了多数值模拟，其数值分别为 100、140、180、220、260，如图 9-42 所示。

当完成以上数值的输入后，基于"仿真型仓储备货分析"Excel表中已经设置好的计算函数，表格会自动预测未来1个月的销量，与此同时，该表格可以针对不同的日均备货量分别计算单日利润与滞销量，如图9-43所示。

q = 100	q = 140	q = 180	q = 220	q = 260

图9-42　多数值模拟

天数	类目日销量	q=100 销量	滞销量	利润	q=140 销量	滞销量	利润	q=180 销量	滞销量	利润	q=220 销量	滞销量	利润	q=260 销量	滞销量	利润
1	171	100	0	500.00	140	0	700.00	171	9	837.00	171	49	757.00	171	89	677.00
2	141	100	0	500.00	140	0	700.00	141	39	627.00	141	79	547.00	141	119	467.00
3	136	100	0	500.00	136	4	672.00	136	44	592.00	136	84	512.00	136	124	432.00
4	183	100	0	500.00	140	0	700.00	180	0	900.00	183	37	841.00	183	77	761.00
5	166	100	0	500.00	140	0	700.00	166	14	802.00	166	54	722.00	166	94	642.00
6	152	100	0	500.00	140	0	700.00	152	28	704.00	152	68	624.00	152	108	544.00
7	102	100	0	500.00	102	38	434.00	102	78	354.00	102	118	274.00	102	158	194.00
8	203	100	0	500.00	140	0	700.00	203	0	900.00	203	17	981.00	203	57	901.00
9	181	100	0	500.00	140	0	700.00	180	0	900.00	181	39	827.00	181	79	747.00
10	106	100	0	500.00	106	34	462.00	106	74	382.00	106	114	302.00	106	154	222.00
11	190	100	0	500.00	140	0	700.00	190	0	900.00	190	30	890.00	190	70	810.00
12	166	100	0	500.00	140	0	700.00	166	14	802.00	166	54	722.00	166	94	642.00
13	85	85	15	395.00	85	55	315.00	85	95	235.00	85	135	155.00	85	175	75.00
14	132	100	0	500.00	132	8	644.00	132	48	564.00	132	88	484.00	132	128	404.00
15	66	66	34	262.00	66	74	182.00	66	114	102.00	66	154	22.00	66	194	-58.00
16	127	100	0	500.00	127	13	609.00	127	53	529.00	127	93	449.00	127	133	369.00
17	119	100	0	500.00	119	21	553.00	119	61	473.00	119	101	393.00	119	141	313.00
18	179	100	0	500.00	140	0	700.00	179	1	893.00	179	41	813.00	179	81	733.00
19	223	100	0	500.00	140	0	700.00	180	0	900.00	220	0	1,100.00	223	37	1,041.00
20	78	78	22	346.00	78	62	266.00	78	102	186.00	78	142	106.00	78	182	26.00
21	110	100	0	500.00	110	30	490.00	110	70	410.00	110	110	330.00	110	150	250.00
22	127	100	0	500.00	127	13	609.00	127	53	529.00	127	93	449.00	127	133	369.00
23	147	100	0	500.00	140	0	700.00	147	33	669.00	147	73	589.00	147	113	509.00
24	143	100	0	500.00	140	0	700.00	143	37	641.00	143	77	561.00	143	117	481.00
25	173	100	0	500.00	140	0	700.00	173	7	851.00	173	47	771.00	173	87	691.00
26	172	100	0	500.00	140	0	700.00	172	8	844.00	172	48	764.00	172	88	684.00
27	124	100	0	500.00	124	16	588.00	124	56	508.00	124	96	428.00	124	136	348.00
28	156	100	0	500.00	140	0	700.00	156	24	732.00	156	64	652.00	156	104	572.00
29	116	100	0	500.00	116	24	532.00	116	64	452.00	116	104	372.00	116	144	292.00
30	190	100	0	500.00	140	0	700.00	180	0	900.00	190	30	890.00	190	70	810.00
		平均利润		483.43	平均利润		608.53	平均利润		637.27	平均利润		577.57	平均利润		498.27
		±		19.99	±		54.07	±		88.64	±		99.43	±		99.97
		亏损概率		0.00	亏损概率		0.00	亏损概率		0.00	亏损概率		0.00	亏损概率		0.03

图9-43　Excel表格中设置的函数

在各项数据中，数据分析师需要着重关注"模拟数据"下方的部分总计性数据，即结论阐述部分，如图9-44所示。

平均利润	469.67	平均利润	576.33	平均利润	561.20	平均利润	499.17	平均利润	419.17
±	31.25	±	66.14	±	89.76	±	101.25	±	101.25
亏损概率	0.00	亏损概率	0.00	亏损概率	0.03	亏损概率	0.03	亏损概率	0.07

图9-44　"模拟数据"下方的部分总计数据

通过观察总计数据，数据分析师可以得到结论如下：

（1）如果日均备货量在100，那么平均日利润在469.67±31.25元之间浮动，即平均日利润最小为438.42元，最大为500.92元，该备货方案的亏损概率为0%；

（2）如果日均备货量在140，那么平均日利润在576.33±66.14元之间浮动，即平均日利润最小为510.19元，最大为642.47元，该备货方案的亏损概率为0%；

（3）如果日均备货量在180，那么平均日利润在561.20±89.76元之间浮动，即平均日利润最小为471.44元，最大为650.96元，该备货方案的亏损概率为3%；

（4）如果日均备货量在 220，那么平均日利润在 499.17 ± 101.25 元之间浮动，即平均日利润最小为 397.92 元，最大为 600.42 元，该备货方案的亏损概率为 3%；

（5）如果日均备货量在 260，那么平均日利润在 419.17 ± 101.25 元之间浮动，即平均日利润最小为 317.92 元，最大为 520.42 元，该备货方案的亏损概率为 7%。

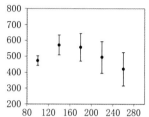

综上所述，数据分析师可以发现不同的日均备货量对应了不同的日利润范围与日亏损概率，为了能够让数据更直观，Excel 表会自动生成数据仿真图，如图 9-45 所示。

图9-45　数据仿真图

通过观察数据仿真图，数据分析师可以发现日均利润纵坐标随着日均备货量（横坐标）的增加，其数值先增大后减少，与此同时，日均利润的波动范围随着日均备货量的增加而增加。

仓储备货的核心思想为：在承担最小风险的前提下获得最大利润。因此在 100、140、180、220、260 这几个备货量中首先根据日均利润进行筛选，那么还剩下 140 与 180 这两个日均备货方案。完成利润筛选后，数据分析师就需要根据风险再进行筛选，虽然 180 的日均备货方案拥有更高的最大利润值，即 650.96>642.47，但是该方案有 3% 的可能会产生日亏损，考虑到 642.37×103%=661.641 1>650.96，所以 3% 的日亏损并没有带来 3% 的日均利润的提高，因此综合来看 140 的日均备货方案更适合。

了解了以上分析思路和操作方法后，数据分析师可以结合自身产品的数据，自由使用"仿真型仓储备货分析"的 Excel 表格。需要注意的是，在修改数据后，数据仿真图的坐标轴维度需要进行修改才可以出现相应的仿真图，其修改设置如图 9-46 与图 9-47 所示。

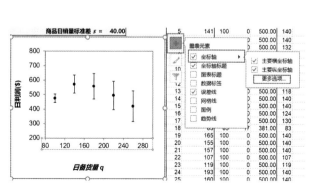

图9-46　设置数据仿真图的坐标轴

图9-47　修改数据仿真图的坐标轴维度

第 10 章

数据分析思维在业务中的应用
——以 B 站广告增长投放为例

很多初学者在刚开始学习数据分析时容易陷入一种误区：过多关注技术能力（例如回归、聚类、语义分析、图像识别等），而忽略了业务逻辑和分析思维。其实很多业务优化问题并不需要太强的技术能力，只需要拥有足够的业务知识，同时使用合适的思维模型，就可以有效解决问题。

本节笔者将结合哔哩哔哩（bilibili，简称 B 站）广告增长投放的案例，讲述数据分析思维如何有效应用于广告业务中。本节作为数据分析实际应用的入门章节，将不会过多涉及技术实操方法，读者只需理解业务逻辑与分析思路即可。

10.1　B 站基本信息及广告形式

10.1.1　B 站基本信息

bilibili，即哔哩哔哩，被粉丝们亲切地称为"B 站"。B 站早期是一个 ACG（动画、漫画、游戏）内容创作与分享的视频网站。经过十年多的发展，B 站围绕用户、创作者和内容，构建了一个源源不断产生优质内容的生态系统，现 B 站已成为涵盖 7 000 多个兴趣圈层的多元文化社区。[1]

B 站存在 PC 端与 APP 端两种展现形式，如图 10-1 与图 10-2 所示。

---

[1]　来源于 B 站百度百科介绍

图10-1　B站PC端展现形式

10.1.2　B站的广告形式

1．B站App端信息流广告

信息流广告又被称为Feeds流广告，是在社交媒体用户好友动态、资讯媒体、视听媒体内容流中的广告。在B站手机App端中，夹杂在内容流中，由算法推荐的信息流广告是最常见的一种广告形式，如图10-3所示。

信息流广告的形式多种多样，包括图片、图文、视频等，它们可以通过标签进行定向投放（即选择符合标签的群体进行投放）。除此之外，广告投放者还可以根据自己的需求选择投放目的，例如促进手机应用下载、提升品牌知名度、拉高商品销售额……信息流广告最后的效果取决于如下要素：

- 创意：指的是投放的内容形式和素材，例如具备优秀设计风格的广告素材可以吸引更多的用户点击，从而帮助广告投放者获得更多的流量与用户；

- 定向：包含的维度有很多，例如标签定向、关键词定向、人群定向等，其最终目的都是让广告匹配到对应的曝光对象，从而提升转化效果；

- 竞价：主要指单次点击竞价，即广告投放者愿意为用户的一次广告点击出多少价

图10-2　B站App端展现形式

格，如果单次点击竞价很高，那么平台方会更有意愿帮助广告主进行投放。与此同时，单次点击竞价在具体执行时可以分为动态竞价和固定竞价两种形式，动态竞价指的是广告算法会根据一定的范围调整出价，固定竞价则是从始至终竞价不变；

- 策略：包括的维度有很多，例如投放时间策略（什么时间投放广告，每次投放多久）、投放预算策略（广告预算的边际效应什么时候产生，不同渠道应该规划怎样的预算）等，如果说创意、定向、竞价属于广告投放战术层面的技巧，那么策略就是宏观战略层面的考量。

图 10-3　B站APP端信息流广告

2. B站PC端banner、卡片、条幅广告

相比于在手机APP端常见的信息流广告，PC端的广告形式更多样，其中包括banner广告、卡片广告、条幅广告等，如图10-4所示。

banner广告又称为横幅广告，B站的banner广告包括五个动态banner切换（如图10-4的1号广告位置），其中每个动态banner都可以根据需求自定义设置内容素材。

图10-4　B站PC端banner广告（1号）、卡片广告（2号）、条幅广告（3号）

一般而言，不同级别的活动／宣传会匹配不同位置的banner，例如像"会员日""节日庆典"等S级（在互联网公司中，S级为最高等级，其次为A级、B级、C级等）活动会放在第一的banner位获取最大规模的曝光，而A级、B级等次要活动会依次放在靠后的banner位。

卡片广告和条幅广告（如图10-4的2号广告位置和3号广告位置）不像banner广告一样存在动态切换，也不像信息流广告一样由算法实时推荐，其形式在各个博客、门户网站、论坛上很常见，属于CPC广告（即点击付费广告）的基本广告形式。

需要注意的是，不管是APP端的信息流广告，还是PC端的banner、卡片、条幅广告，这四种广告形式都属于CPC广告（Cost Per Click）的商业模式，即当用户点击广告后，B站平台就可以获得相应的收入，在10.2章节中笔者将开始介绍关于CPC广告的相关内容。

10.2　影响 CPC 广告投放效果的要素

10.2.1　广告投放营销漏斗转化模型

在广告投放领域，漏斗模型是常用的模型之一，如图10-5所示。

在营销漏斗模型中，漏斗的五层对应了广告投放的各个环节，反映了从展现、点击、访问、咨询，直到生成订单过程中的客户数量及流失。从最大的展示量到最小的成交量，这个层层缩小的过程，表示不断有客户因为各种原因对产品失去兴趣或放弃购买。对漏斗模型各个环节的解读如下：

- 展示量：可以理解为曝光量，即广告素材被多少人看到了，当用户在手机 App 或者 PC 端看到一次广告时，该广告就形成了一次有效曝光，如果有用户对其曝光的内容感兴趣并产生了点击，那么该广告的点击量就增加一次；

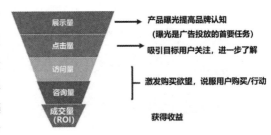

图 10-5　广告投放营销漏斗转化模型

- 点击量：用户通过广告曝光并产生点击后才会形成点击量，用户点击跳转的网页一般被称为"落地页"，而"落地页"的页面质量直接会导致后续访问量、咨询量、成交量的波动；

- 访问量：用户通过点击跳转到"落地页"后并不一定就能形成"访问量"，例如用户点击了某个广告，但是在"落地页"仅仅停留了 0.3 秒就离开了，那么这样的页面访问就是无效的，因而无法形成一次有效访问。访问量的具体评判标准是没有固定指标的，访问时间、访问页面数量、访问行为等要素都可以用来评估是否形成有效访问；

- 咨询量：一般只会出现在需要与客服 / 运营 / 销售人员进行沟通的场景，例如在"淘宝"平台商家投放广告后，消费者的路径为：看到商品广告（展示量）→点击广告进入商品详情页（点击量）→有效浏览页面（访问量）→使用客服功能与商家产生联系（咨询量）→下单（成交量）。在很多不需要沟通的场景，例如应用下载、品牌宣传、咨询环节就不存在，漏斗模型会直接进入最后的成交环节；

- 成交量：也可以理解为转化量，成交的含义并非只有商品交易，应用下载、用户信息收集等投放目标的达成也可以理解为成交，因为不管是否产生金钱交易，只要用户承担了一定的成本，例如下载应用耗费的流量成本＋内存成本，填写用户资料时需要的时间成本，产生商品交易付出的金钱成本等（成本的消耗意味着供给与需求的成交），这也就意味着转化量的增加。

考虑到咨询量的应用场景有限，所以在下文中将主要围绕展示量（曝光量）、点击量、访问量、成交量（转化量）这四个环节，逐一讲解不同环节涉及的要素和分析思路。

10.2.2　CPC 广告展示量（曝光量）涉及要素

1．关键词

关键词是影响 CPC 广告曝光量的核心要素，关键词设置的目的有如下几种：

- 当用户搜索某些词汇时，广告投放的链接和内容素材可以获得较高的排序；
- 当用户通过某些词汇进入到一些网页中时，广告投放的链接和内容素材可以在这些网页中显示；

- 当用户搜索某些词的关联词，或者通过关联词进入到一些网页中时，广告投放者只需要在关键词设置中将匹配原则由"精准匹配"（完全匹配关键词）调整到"模糊匹配"（只要是和关键词相关的词汇都可以匹配），广告投放的链接和内容素材就可以获得曝光；
- 除了设置优先关键词，还可以设置否定关键词，即用户如果搜索了某些词，或者查阅了和某些词有强关联的网站，那么广告投放的链接和内容素材对于这类用户将不再显示。

在关键词相关的广告中，百度的搜索竞价排名是经典的案例，用户只需要在百度搜索引擎中输入相关词汇，与该词对应的广告链接就会出现在搜索排序前列，如图10-6所示。

图10-6　在百度搜索"手办"后，排在第一序位的广告链接

在理解了关键词的作用和设置目的后，作为业务方要如何优化关键词呢？一般而言，其优化思路有如下两种：

- 从需求角度出发优化关键词；
- 从供给角度出发优化关键词。

关于第一点，即从需求角度出发优化关键词，指的是寻找到哪些用户会频繁自主搜索且与广告曝光主体有明显关联的词汇。

以本书为例，假设要在百度上通过搜索竞价排名的CPC广告对本书进行推广，那么这时可以选择的关键词就有很多，例如"数据分析""数据可视化""数据抓取""Excel数据分析"等，这时为了评估这四个关键词需求端流量的大小，可以使用百度指数这类搜索热度工具来进行评估。当在百度指数中输入以上四个关键词后，就可以得到图10-7所示的关键词热度波动图。

从图10-7可以看出，在2014年以前，"Excel数据分析"在百度上的搜索热度高于"数据可视化"与"数据抓取"。在2014年以后，"数据可视化"的搜索热度飙升，截至2021年已经远高于"Excel数据分析"与"数据抓取"。与此同时，从2011年到2021年，"数据分析"的搜索热度都是最高的，并且从2011年到2021年，其搜索热度都在稳步提升。因此，如果关键词仅从需求的角度出发进行筛选，四个关键词的优先顺序是"数据分析"→"数据可视化"→"Excel 数据分析"→"数据抓取"。

需要注意的是，关键词最终筛选的标准不仅仅只包括需求维度，还包括供给维度分析、竞价分析、转化分析等。

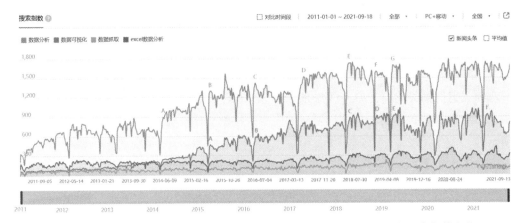

图 10-7 "数据分析""数据可视化""数据抓取""Excel 数据分析"在百度指数上从
2011 年到 2021 年搜索热度的变化

关于第二点，即从供给角度出发优化关键词，指的是寻找那些头部标杆商户 / 品牌所使用且与广告曝光主体有明显关联的词汇。从供给角度出发的关键词优化方法在电商领域很常见，因为电商场景中有近乎无数种关键词组合，其中包括流量词（即很多用户会搜索的词）以及长尾词（即只有少部分用户才会搜索的词）。以电商服装销售为例，一件带有口袋的上衣就可以有"口袋上衣""带口上衣""带口袋上衣""口袋上装""上衣带口袋"等多种词汇排列组合方式。这时从需求角度出发的关键词优化方法就无从下手，因为业务方不可能把所有组合对应的搜索数据都找到，而从供给出发的关键词优化方法就可以得到应用。业务方的具体执行方法分为以下几个步骤：

（1）将所有关键词的排列组合进行穷举，然后逐一输入到平台搜索引擎中；

（2）记录不同关键词的曝光结果，以"淘宝"平台为例，需要记录不同关键词曝光页商品的商品数量、月销量、评分、店铺信息、价格等关键数据；

（3）对记录的商品数据进行分析，从而评估不同关键词的效果。

以上三个步骤中，复杂度最高的是第三步即数据分析步骤，业务方需要通过分析不同关键词对应的相关数据，来客观评估不同关键词的适应程度。

笔者仍然以电商服装销售为例，假设"口袋上衣"关键词的曝光数据为：曝光商品1000 个，平均价格 100 元，平均评分 4 颗星，平均月销量 50 件，而"口袋上装"关键词的曝光数据为：曝光商品 100 个，平均价格 100 元，平均评分 4.5 颗星，平均月销量100 件。

假设这时无论是"口袋上衣"还是"口袋上装"，其曝光结果的服饰风格都和自身想要投放的产品相似，考虑到两个关键词曝光结果的平均价格相同，但是"口袋上装"关键词曝光结果中竞争对手更少（曝光商品数量更少），评分更高，且月销量更高，那么"口袋上装"更适合被纳入广告投放的关键词体系中。

2. 单次点击竞价

单次点击竞价是影响CPC广告曝光量的第二个要素，也是直接决定广告ROI（投资回报率，其计算方式为ROI=收益/投资额×100%）的变量之一。

对于平台方而言，每日登录平台/网站/APP的用户数量是一定的，那么对于这些用户的广告曝光总量也是一定的，这时如何将这有限的曝光资源高效分配给多个广告主就成为难题，而单次点击竞价就有效解决了这个难题。以图10-8展示的B站PC端卡片广告为例，该卡片广告处于B站PC端"推广"功能的第一栏位，每日这个栏位会曝光给数百万乃至数千万的用户，这时平台方如果想通过广告将这个栏位产生的收入最大化，就需要参考不同广告投放者所设置的单次点击竞价。

图10-8　B站卡片广告示例

举例而言，A广告主和B广告主都想要争取图10-8栏位的曝光资源，A广告主的单次点击竞价是0.5元/次（即愿意为1次点击支付0.5元），B广告主的单次点击竞价是0.8元/次（即愿意为1次点击支付0.8元），那么在其他条件完全相同时，平台会优先B广告主的广告素材进行投放（因为在相同的点击量下，B广告主会支付平台更多的广告费），直到B广告主调低单次点击竞价至0.5元以下，或者B广告主的广告预算全部消耗完，否则平台不会给A广告主曝光资源与流量。

但是真实的业务场景会远比上述案例复杂，这是因为平台能从广告主中获取的收益是难以直接计算的。例如虽然上述案例中A广告主的单次点击出价更低，但有可能A广告主的广告素材更吸引人，从而点击率更高，由点击产生的广告费用也更多，这时平台方可能就会优先曝光A广告主的素材而非B广告主的素材。

综上所述，单次点击竞价属于影响广告曝光的一个重要因素，但广告是否真正获得曝光量属于多个因素综合考虑的结果。

3．广告预算

广告预算是对于整个广告投放计划的预算规划，假设广告的单次点击竞价是1元/次，且是固定竞价（即广告主每次点击固定支付1元），则当广告预算是10万元/天时，广告投放当天的点击量最多是100 000÷1=100 000次，假设曝光点击率是10%（即每10次曝光，用户会产生1次点击），那么广告投放当天的曝光量大约是100万次（点击量÷曝光点击率）。当广告预算被完全消耗时，如果不对预算进行补充，那么广告将会停止曝光。

4．用户画像包

如果说关键词的筛选对用户的行为数据（搜索行为）进行筛选，那么用户画像包的选择就是对用户的属性数据（地区、年龄、职业等）进行筛选。

对于同样的关键词搜索行为，不同属性用户的需求是完全不一样的。以服饰销售为例，对于30岁以上的用户，搜索"裙子"后想要看到的结果会偏向于成熟的风格，而对于30岁以下的用户，搜索"裙子"后想要看到的结果会偏向于青春活力的风格。因此，在广告投放时，业务方需要仔细考虑自身广告的目标用户具有怎样的属性，然后根据这些属性选择合适的用户画像包（即选择特定的曝光人群）。

以B站用户画像为例，其年龄与城市分布维度的数据可视化展现如图10-9所示。

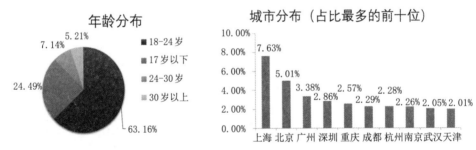

图10-9　B站用户画像中的年龄与城市分布维度展现

从上图10-9可以看到，B站用户整体偏年轻化，其中18～24岁的用户占比最大，为63.16%；其次是17岁以下的用户，占比24.49%；24岁及以上的用户则占少数。在城市分布维度上，北上广深一线城市的用户占比较高，其次是经济比较发达的沿海和内陆城市。

结合B站的用户画像，当业务方想要投放具体广告时，就可以选择与自身广告匹配的人群。举例而言，假设业务方想要推广China Joy会展活动，那么选择年轻群体（24岁及以下），以及苏浙沪（China Joy举办地为上海）的用户精准度较高。

5．投放合规性

投放合规性指的是广告曝光的素材不仅要符合平台基本规定，还要符合当地的法律法规。举例而言，如果某一个广告主想要投放赌博平台的广告，那么无论其关键词有多么精准，单次点击出价有多么高，预算有多么充足，用户画像包有多么匹配，因为其曝光素材不符合法律，所以平台方会因为合规性问题禁止其获得曝光。

10.2.3　CPC 广告点击量涉及要素

1. 曝光形式

广告的曝光形式多种多样，包括文本、图片、静默视频、非静默视频，这四种形式的具体案例如图 10-10 至图 10-13 所示。

图 10-10　文本形式广告

纯文本是非常基础的广告曝光形式，主要适用于对于网络速度以及曝光终端受限较大的场景，例如当用户在地铁或者电梯上使用手机时，因为网速较慢，所以此时文本内容会受到广告主的青睐。除此之外，对于老年机、旧电脑等图像显示质量较差的终端，文本形式广告也可以有效避开图像显示的问题。

图片是常见的广告形式，一方面图文的制作成本并不像视频如此高昂和复杂（视频可能涉及剧本、镜头语言、音乐等），另一方面图文又可以传递比纯文本更大的信息量。

图 10-11　图文形式广告　　　　　　　图 10-12　静默视频广告

静默视频广告中"静默"二字的含义在用户不单独点击音量的状态下，广告的视频素材默认是无声的。这类广告比文本、图文能承载更大的信息量，并且可以通过与明星、IP、品牌的内容合作达到非常优秀的营销推广效果。

非静默视频广告中"非静默"二字的含义在用户不单独点击音量的状态下，广告的视频素材默认是有声的。大家在各大视频网站上看到的贴片广告（即视频前播放 30～60 秒的广告）大多属于这个类型。非静默视频广告本身是有场景限制的，因为如果在公开场合用户突然因为一则广告导致手机开始产生音乐，则这样的广告可能会使用户产生负面情绪，而在 PC 端的视频贴片广告则没有这样的问题，这是因为 PC 终端一般放在私人场景中没有太强的隐私顾虑。

图 10-13　非静默视频广告

四种广告形式没有绝对的孰优孰劣之分，并非传递信息量越大的广告形式点击量就越高 / 点击率就越高，而是要根据曝光场景、曝光目的、内容预算等多个角度进行衡量，下面是具体问题和相应解决方案。

Q1：用户会在怎样的环境下看到广告曝光？

A1：一般而言，环境可以分为物理环境和虚拟环境。所谓的物理环境指的是用户所处位置所附带的现实条件，例如是否有信号、是否有 Wi-Fi、流量有多块等；而虚拟环境指的是用户所使用的终端附带的软件条件，例如是 PC 端还是移动端，是什么操作系统等。

不同的环境适合的广告曝光形式完全不同，例如在网速较差的物理环境中，加载速度过慢的视频以及图文广告形式就会导致点击率下降；在网速较快且充斥着图文 / 视频素材的虚拟环境中，纯文本的曝光形式就可能使点击率表现平平；在大多数目标用户都是苹果终端用户的情况下，只准备安卓 + 微软体系下的广告形式则会遗失绝大部分目标受众的点击量。

Q2：本次广告曝光的目的是什么？

A2：广告曝光的目的多种多样，例如促进品牌宣传、应用下载、商品成交等，不同目的所适合的广告曝光形式也是不一样的。以品牌宣传为例，假设现在广告主的目的是想通过广告加深用户认知，那么图文 + 视频广告形式更适合，这是因为人眼以及大脑对于图像的敏感度要远高于纯文本，优秀的图文 + 视频素材在搭建认知的同时也能获得更大的点击量。而如果一个广告主的目的只是为了信息传达，例如活动日期通知 / 商品预售通知等，那么纯文本的广告形式也可以考虑。

在图 10-14 至图 10-16 分别展现了获取用户信息、促进游戏下载、促进商品成交三种不同目的的广告曝光形式：

Q3：本次广告曝光的内容预算有多少？

A3：一般而言，内容预算越高，广告素材越精致，投放的效果也越好。在通常情况下，视频的制作成本要高于图文，而图文的制作成本要高于文本。

2．曝光内容（创意）

在理解了曝光形式后，所谓的曝光内容指的就是承载在不同曝光形式上的具体创意，其涉及编辑（文本信息）、设计及后期（图文）、编剧及剪辑（视频）等。

　　在文本形式的曝光内容上，一般会把重心放在文本的具体内容、字体大小、排版上，如图 10-17 所示。

图 10-14　目的为获取用户信息的曝光形式　　图 10-15　目的为促进游戏下载的曝光形式

图 10-16　目的为促进商品成交的曝光形式　　图 10-17　使用大号加粗字体突出《××》的游戏 IP

　　在图文形式的曝光内容上，设计者会结合具体的业务场景（如游戏、电商、社交等），在图片中通过构图突出重点，这个重点可以是一款商品的卖点，可以是一个明星，或是一个游戏角色，在色彩选择上，设计者一般会选择亮色系来吸引用户注意力，从而提升广告点击量，如图 10-18 所示。

图10-18　使用亮色系，且强调游戏角色 IP 的图文广告

在视频形式的曝光内容上，广告的创意并无标准的参考标准，因为视频是由一连串内容要素（编剧、演员、音乐、摄影、后期等）综合而成，所以具体点击效果完全取决于视频本身的内容质量。

3．原生性

原生性是很多广告曝光内容所忽略的一点，所谓的原生性，指的就是让用户不会感觉广告曝光内容有所突兀的设计。

如图10-19所示就是符合微信原生性的广告曝光内容。如果把这则广告上的内容素材直接搬到淘宝、京东、天猫上，那可想而知转化效果会极其不理想（因为广告内容的文案太"软"，电商平台上的广告需要直接明了，例如促销折扣或者新品首发等），但是这样的广告放在微信朋友圈作为内容进行投放就非常适合，这是因为微信朋友圈本身就是一个较为私人的环境，过于商业化的广告内容会使用户反感。

如图10-20所示就是符合知乎原生性的广告曝光内容。知乎平台本身就是一个问答社区，所以如果将自身广告想要推广的信息以问答的形式进行呈现，就更符合知乎的定位，从而吸引更多的关注，最终获取更高的点击量。

图10-19　微信原生广告形态，其中包含头像、ID、文案、图片、评论、点赞等要素

图10-20　知乎原生广告形态，其中包含问题形式的内容文本

4．渠道匹配度

除了以上因素会影响一个广告的点击量以外，渠道匹配度也是一个重要指标。如今

的互联网行业已经度过了野蛮生长的年代，每个渠道/平台都会有自己的核心受众。以B站为例，其用户对于内容的偏好主要集中于搞笑、日常、正版剧、电子竞技上，如图10-21所示。

因此，如果想要广告投放在B站获得高点击量，那么符合上述B站用户内容偏好的广告将具备更高的渠道匹配度，从而可以获得更多点击量。

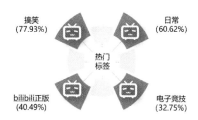

图10-21　B站用户的内容偏好

10.2.4　CPC广告访问量涉及要素

1．落地页形式

和广告曝光形式一样，落地页的形式也可以分为文本、图文、视频三种类型，只不过广告曝光形式影响的是点击量，而落地页形式影响的是访问量。

一般而言，落地页形式完全可以自定义，因为当用户点击曝光素材后，跳转的落地页可以是一个脱离曝光渠道的新网页，也可以是和曝光渠道完全不同的转化渠道（例如知乎曝光、淘宝落地）。但是如果从原生性的角度出发，部分广告落地页会参考曝光渠道的特性，从而使用相似的落地页形式。以图10-22所示的知乎曝光广告落地页为例，该落地页为了给用户营造出一种"仍然还在知乎阅读回答"的感觉，在落地页采取文本形式的同时，页面左下方还单独设计了虚假的赞同按钮。

2．落地页内容

落地页内容的设计风格与落地页形式一样是完全可以自定义的，如今常见的是由HTML5（HTML5是构建Web内容的一种语言描述方式）即H5页面搭载的各类内容，如图10-23所示。

3．落地页加载速度

虽然落地页内容的丰富程度与访问量有明显的正相关关系，即落地页内容越丰富精致，点击进入落地页的流量越有可能形成有效访问，但是广告设计者仍然要考虑落地页加载速度的问题。

当落地页承载的内容量过大时，用户点击进入落地页需要加载的时间也就越长，如果这时用户身处于网速较慢的环境中，可能会出现落地页白屏的状况，这时无论落地页的内容有多么出色，用户都可能随时退出页面从而无法形成有效访问量，如图10-24所示。

10.2.5　CPC广告成交量（转化量）涉及要素

CPC广告成交量（转化量）涉及的要素包含如下几点：

（1）评分（电商评分/APP评分/店铺评分等）；

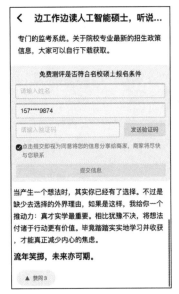

图 10-22　保持用户原生性体验的　图 10-23　H5页面落地页内容　图 10-24　因为加载速度过慢
　　　　　知乎曝光广告落地页形式　　　　　　　　　　　　　　　　　　而显示白屏的滴滴出行广告

（2）成本（金钱消耗/流量消耗/内存消耗等）；

（3）支付工具（第三方支付/银行支付/虚拟货币/先试后付等）；

（4）库存（IOS/安卓使用可行性/商品库存等）。

关于第一点即评分，指的是用户可以根据历史转化反馈（服务反馈/商品反馈）来评估供给的质量，从而影响转化量。例如，在"淘宝"平台，商品评分更高的链接能有更高的转化率，从而形成更大的成交量；在应用商店，APP评分更高的手机应用可以获得更多用户的信赖，从而获取更大的下载量。

关于第二点即成本，很多广告从业者都简单地把成本理解为价格，其实成本包括的含义有很多，价格只是其中一类，而成本越高，用户转化的概率就越低，在同样流量下，转化量就越低。例如，在"淘宝"平台有两个商品A和B，在相同评分相同质量相同流量的情况下，如果A的价格越低，那么理所当然A的成交量就越高；在视频网站有两个视频A和B，在相同评分相同内容质量相同物理环境的情况下，如果视频A需要的网络流量更少内存更小，那么A视频的播放量大概率会比B高；在微信中，有一个H5页面A和一个微信小程序B，如果A和B都是同一类工具产品的不同形态，而A需要用户单独注册账号，B只需要微信授权就可使用，那么相同用户基数下B的转化量就会高于A。

关于第三点即支付工具，现在除了微信支付和支付宝，很多其他的互联网平台也开始陆续推出自己的支付方式，例如滴滴支付、美团支付等。但需要注意的是，虽然原生平台的支付方式可以在一定程度上提升用户体验，但是用户在使用新支付方式时需要重新再绑定一次个人信息与银行卡号，这中间会产生大量的用户流失（因为对用户而言，绑定银行卡会导致时间成本提升）。因此，如果广告投放涉及交易支付环节，那么使用覆盖率较广的支付方式可以有效减少订单流失。

关于第四点即库存，库存与成本一样，并非只意味着实体层面的商品库存，也意味着虚拟层面的应用可用性。例如，如果现在对某一款APP进行广告投放，投放者希望通过广告可以促进用户下载量，但假设这款APP只有安卓版本而没有苹果IOS版本，那意味着对于大量的苹果用户没有"库存"，这会导致转化量的下降。

10.3　B 站内 CPC 广告业务场景与优化

B 站平台本身聚集了中国大量的互联网用户，其每日的访问行为确保了B站流量的稳定和内容生态的繁荣，有效使用这些流量获取广告收入就成了B站商业化的重心之一。

在本章节中，笔者将结合B站自身的商业化电商平台——会员购平台，来讲解CPC广告的真实业务场景和优化问题。

会员购平台是B站的自营电商平台，用户可以通过B站App端进行访问，如图10-25所示。

B站会员购平台主要包含两类业务：商品业务与票务业务。

对于商品业务而言，会员购平台商品涵盖了中国市面上90%的ACG主流商品，并与重点TOP品牌达成了品牌直接合作，其中既包含日本品牌，也包含中国和欧美品牌。

对于票务业务而言，会员购平台票务覆盖中国绝大部分二次元及2.5次元的展览、演出等项目，是二次元垂直市场占有率第一的票务平台，和全国各主办方均有深度合作。

结合商品业务和票务业务，B站会员购的商业模式如图10-26所示。

图 10-25　B 站会员购电商平台 App 端截图

会员购平台属于B站的新兴业务，所以需要通过CPC广告从B站主站（即用户熟知的B站内容网站）引进流量，而这时就有如下两个经典的广告投放问题摆放在业务方面前：

- 广告投放 ROI 偏低；
- 广告曝光点击率偏低。

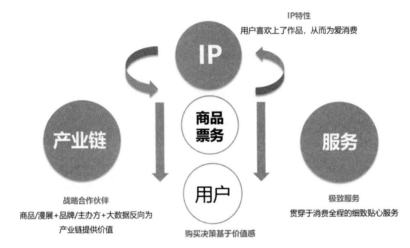

图 10-26　B 站会员购平台商业模式简介

在接下来的 10.3 小节中将会围绕这两个问题详细讲解优化思路和数据分析的过程。

10.4　B 站内 CPC 广告业务优化思路与数据分析

在了解完 B 站内广告业务的场景后，我们就可以开始着手针对不同的广告数据进行分析和优化。

10.4.1　针对广告投放 ROI 偏低问题的数据汇总

在分析广告投放 ROI 偏低的问题前，首先数据分析师要认清一个事实，即会员购平台每天 24 小时中每个时间段的订单量都是存在波动的。因此，数据分析师可以将平台的某一产品的单个交易日分为 24 小时，然后分析在 24 小时的不同时间段内总订单（包含广告带来的订单和自然曝光带来的订单）和广告支出的变化。

第一步：汇总不同产品不同时间段的订单量数据；

关于每小时某一商品的订单量，数据分析师可以通过调取平台后台数据获得，如图 10-27 所示。

第二步：汇总不同商品不同时间段的广告支出数据。

关于 CPC 广告在不同时间段的支出数值，数据分析师同样可以调取广告系统后台获得。当实时记录好数据后，数据分析师就可以得到会员购平台商品一天 24 小时的总订单与广告支出变化情况，其数值可视化的折线图如图 10-28 所示。

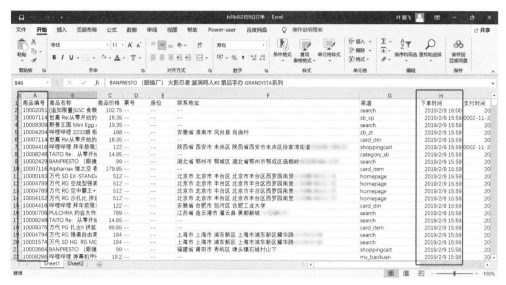

图10-27　B 站会员购平台的后台订单数据（左边标注的是商品编号，右边标注的是不同商品订单的下单时间）

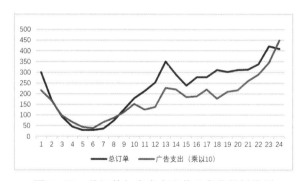

图10-28　总订单与广告支出单日变化的折线图

如图10-28所示，深色线条为"总订单"，即商品订单量（广告订单＋自然订单）在1天24小时内的变化，浅色线条为"广告支出"，即商品CPC广告支出在1天24小时内的变化。为了方便比较，数据分析师可以将广告支出的数额乘以一个基数，在这个案例中，笔者将广告支出乘以10进行比较，其目的是确保在数据可视化操作时让"总订单"与"广告支出"的数值处于同一量级，例如千位级的订单数值对应千位级的广告支出数值，万位级的订单数值对应万位级的广告支出数值。

10.4.2　针对广告投放 ROI 偏低问题的优化思路

1．一次优化操作推导

如图10-29所示，凌晨2:00～8:30属于低单量时期，12:00～14:00属于订单高峰期，与此同时，数据分析师还可以结合广告支出，得到如下两个优化推断：

- 因为凌晨2：00～8：30的广告支出比例偏高（广告支出曲线高于总订单曲线），那么是否可以通过降低广告单次点击竞价来减少广告支出？
- 因为12：00～14：00的广告支出比例偏低（广告支出曲线低于总订单曲线），那么是否可以通过增加广告单次点击竞价来增加广告支出，从而带来更多的订单？

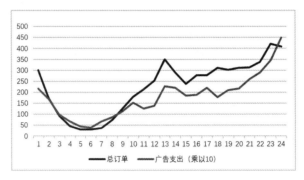

图10-29　总订单与广告支出单日变化的折线图

需要注意的是，一次推导的结果并不是最终的操作方式，这是因为数据分析师需要考虑到同行业竞争者竞价的变化，在凌晨2:00～8:30虽然广告支出偏高，但是单次竞价偏低（因为竞争者少），所以可能带来的广告订单更多；在12:00～14:00虽然广告支出偏低，但是单次竞价偏高（因为竞争者多），所以可能带来的广告订单更少，所以，数据分析师需要二次推导来进行更加精确地推断。

2．二次优化操作推导

在"一次优化操作指导"中，从"总订单与广告支出单日变化的折线图"粗略来看似乎得不到什么有效的结论，因为广告费越高，平均广告订单就越多，那么这时数据分析师就需要计算一个数值：单个订单的平均广告支出（注意，单个订单的平均广告支出指的是各个时间段的广告支出除以总订单数量，例如凌晨00：00～01：00总计产生订单300单，广告支出为24元，那么单个订单的平均广告支出为0.08元）。

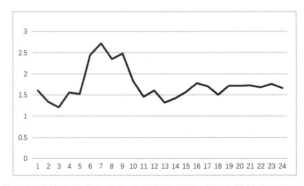

图10-30　单个订单的平均广告支出单日变化趋势（图中横轴为1天24小时，纵轴是单个订单平均广告支出）

　　数据分析师需要单独将广告费与订单量做一个除法，就可以得到单个订单的平均广告支出。假设图 10-30 所示，从图中可以看到在 5：00～11：00 的平均支出过高，这时候数据分析师可以得到如下二次优化推断：降低 5：00～11：00 的广告单次点击竞价或者直接在该时段暂停广告曝光。

　　这个二次推断与"凌晨 2：00～8：30 的广告支出比例偏高"有重合性，所以可信度较高，因此在上午阶段广告本身大概率存在优化的操作可能。

　　但是即便完成二次推导，这个结论也还是不一定正确的，现在已知的只是单个订单的平均广告支出，但是订单的客单价是不同的。万一在 5：00～11：00 这个时间段消费者购买的都是高客单价商品，那么即使单个订单的平均广告支出偏高，订单额的平均广告支出可能是偏低的，因此还需要三次推导加以佐证。

3．三次优化操作推导

　　在三次推导的过程中，数据分析师要把重心放在客单价的单日变化上，即关注一天24 小时每一个小时内平均客单价的变化，其显示如图 10-31 所示。

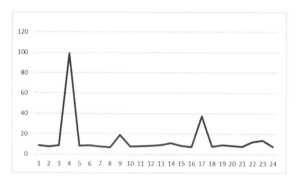

图 10-31　客单价单日变化趋势折线图（图中横轴为 1 天 24 小时，纵轴是平均客单价）

　　在图 10-31 中，3：00～5：00 有一个峰值，这可能是由于部分"土豪"顾客的大额订单造成的，所以数据分析师需要将这类极值排除，从而使曲线更加客观，这样就可以得到客单价优化曲线图如图 10-32 所示。

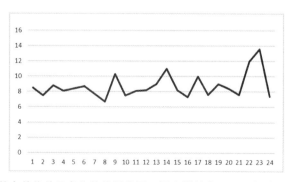

图 10-32　优化后的客单价单日变化趋势折线图（图中横轴为 1 天 24 小时，纵轴是平均客单价）

排除极值后可发现客单价的单日波动并没这么夸张，而且其现有峰值21：00～24：00与二次推导的优化操作时间5：00～11：00并没有冲突，所以这时数据分析师可以确定如下优化操作：降低5：00～11：00的广告单次点击竞价或者直接在该时段暂停广告曝光。

10.4.3 针对广告曝光点击率偏低问题的业务背景

在10.4.2节中，我们就针对曝光点击率问题做过讨论，其中涉及广告素材的优化、曝光形式的选择、投放对象的筛选等。在本节中，将针对CPC广告投放的用户画像包的优化流程来进行讲解。

在B站会员购平台成立初期，业务方为了能筛选出合适的用户进行精准投放，会收集用户的视频观看数据，从而进一步分析出用户对于不同商品的感兴趣程度。例如，假设业务方想投放一个关于"高达模型"的CPC广告，则会将符合以下两种行为逻辑的用户挑选出来作为曝光对象：

（1）在B站搜索过"高达"相关关键词的用户，如图10-33所示；

（2）在B站观看过"高达"相关标签视频的用户，如图10-34所示。

图10-33　在B站搜索"高达"后出现的相关视频截图，其中视频标题里的"高达"二字已用红字标出

图10-34　B站与"高达"相关标签的视频截图，画框标注部分为视频标签

虽然通过上述两种方式已经可以筛选出一部分用户，但通过一段时间的曝光后，数

据分析师发现广告的曝光点击率仍然偏低，这说明上述筛选步骤并不能挑选出精准的用户群体。针对这一问题的解决方案，笔者会在下一小节中进行讲解。

10.4.4　针对广告曝光点击率偏低问题的优化思路

为了能结合不同的广告素材筛选出精准的用户，数据分析师首先需要分析用户在 B 站的行为逻辑。

在 B 站，用户对于视频内容的行为除了观看行为，还可以进行投币、收藏、评论，如图10-35所示。

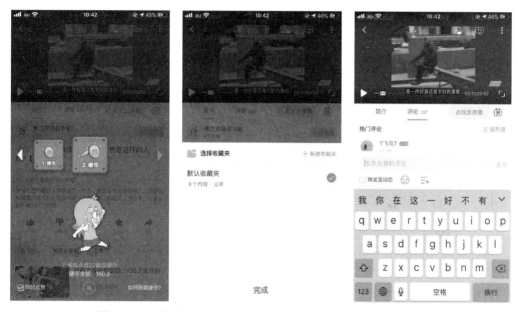

图10-35　用户在B站对于视频的投币、收藏、评论App操作截图

与此同时，在视频播放途中，用户还可以发送弹幕，从而对视频当下的内容进行评论，或者与其他的用户进行互动，如图10-36所示。

在互联网用户行为研究领域中，有一个概念为用户行为深度，其含义可以理解为用户与某个对象的互动行为次数越多，时间越长，用户行为深度就越深。如果从用户行为深度的角度出发，用户对B站视频内容的互动行为由浅到深进行分类，如图10-37所示。

在图10-37中可以看到，观看视频本身只是用户行为浅的一层，因为用户在观看视频时并不需要采取任何独立点击行为（排除暂停、音量调节、亮度调节这些基本操作）。如果广告投放时只将观看视频作为筛选逻辑，就很可能会将一些"随机点击视频但是对视频内容并不感兴趣"的用户纳入投放人群中，从而导致曝光点击率偏低。

一般而言，用户行为深度越深，用户对该行为对象的兴趣也就越大。例如，当某一用户在B站一个"高达"相关视频内容下有过点赞、投币、收藏等行为，那么该用户对于"高达"的感兴趣程度大概率要比那些只有过观看行为的用户要高。因此，如果只是从提升用户精准度的角度出发，数据分析师可以通过筛选用户行为深度更深的用户群体。

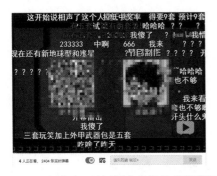

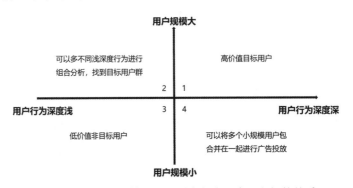

图10-36　用户在B站视频中发送的弹幕截图　　　　图10-37　用户对B站视频内容的互动行为
　　　　　　　　　　　　　　　　　　　　　　　　　　　　　由浅到深进行分类

但需要注意的是，随着用户行为深度的加深，符合行为深度的用户数量也在减少。对于广告投放业务而言，如果只是选择了很小一部分完全匹配的投放群体是没有什么意义的，因为广告投放的最终目的是获取到原本无法获取的潜在用户。因此，数据分析师在进行业务分析时需要在"用户规模"（即符合不同行为深度的用户数量）和"用户行为深度"之间取得一个平衡点，而这两者的关系如图10-38所示。

图10-38　"用户规模"和"用户行为深度"之间的关系

在图10-38中当用户行为深度较浅的时候，符合这一层次用户行为深度的用户规模较大、数量较多，这时如果将这类用户作为投放对象就可能出现用户匹配模糊的问题，从而导致曝光点击率偏低。当数据分析师发现这一问题后，可以建议业务方尝试通过更深的用户行为深度筛选用户，从而提升匹配精准度。与此同时，也有可能出现用户行为深度较浅，但是用户规模也很小的情况，遇到这类情况的最大原因是用户行为深度定义错误，可能是数据分析师将一个与研究对象完全不相关的用户行为放在了判断依据中。

当用户行为深度较深的时候，符合这一层次用户行为深度的用户规模较小、数量较少，这时如果只是将符合单一高深度行为的用户作为投放对象，可能会发生广告曝光量太少的问题。当数据分析师发现这一问题后，可以建议业务方尝试从不同行为深度建立多个用户投放包，从而提高用户覆盖面与投放范围。除此之外，也有可能出现用户行为深度较深的同时，符合该行为深度用户数量较多的情况，这时满足条件的这些用户大概率都是高价值的目标用户群体。

在本节的 B 站 CPC 广告案例中，笔者发现当将视频评论出现"高达"相关词汇的用户作为投放对象时（如图 10-39 所示），广告的曝光点击率出现了大幅度提升。与此同时，因为 B 站的用户粘性很高，所以愿意在评论区进行评论的用户数量比预期中的数值高了很多，这样广告曝光数量就有了保障。

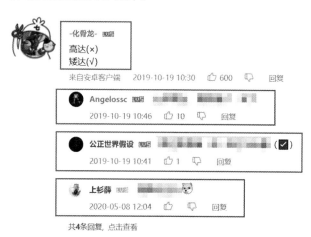

图 10-39　在评论区用户发表的与"高达"相关内容的截图

综上所述，当数据分析师遇到广告曝光点击率偏低问题的时候，除了可以考虑优化曝光内容、曝光形式、关键词之外，还可以通过用户行为深度判断不同行为深度背后的用户动机与逻辑，然后根据广告目的平衡用户规模与用户行为深度之间的关系，如图 10-40 所示。

图 10-40　如何从用户行为分析的角度找到匹配用户，从而提升广告的曝光点击率

10.5 B站内CPC广告优化在复杂业务环境下考虑的要素

【Q1】每个月的广告预算是否平均分配？

【A1】经验判断逻辑：购买B站会员的用户多数是年轻群体，其消费习惯与薪酬发放的时间有相关性，而大部分企业的发薪日为每月中旬，所以在每月月中的时候（每月10号～20号），可以提升广告预算在全月中的占比；数据判断逻辑：将过去不同月份的广告支出做时间分布分析，根据广告支出的单日分布规律调整不同时间的广告预算，例如，如果过去六个月中不同月份第一周的广告支出较高，那么可以在之后的广告投放中适当增加每月第一周的广告预算。

【Q2】是否用户行为深度与用户喜好一定呈正相关性？

【A2】不一定，用户行为深度与用户喜好之间没有绝对的正相关性与负相关性。例如，B站某些用户对于自己不喜欢的内容，可以选择点击"不喜欢"，也可以在弹幕和评论中表达自己对于内容的负面反馈，甚至可以向平台举报内容。从用户行为深度的角度出发，点击"不喜欢"→弹幕/评论（负面）→举报，属于由浅到深的用户行为，但是其与用户喜好之间呈现出典型的负相关性。

【Q3】如何降低恶意点击对CPC广告的影响？

【A3】所谓恶意点击，指的是竞争对手通过机器人自动化点击广告，从而恶意消耗自身广告投放费用的行为。解决恶意点击的方法是精细化广告投放，即实时调整单次竞价＋曝光物料＋曝光关键词，从而让竞争对手无法实时监测到广告的曝光，最终提升恶意点击的难度。与此同时数据分析师可以定位低转化数据，即通过对CPC广告投放数据的分析，将高点击、低转化数据对应的渠道和时间进行定位，然后针对定位数据分析用户与广告的互动数据是否异常，一旦发现异常就改变广告投放策略。

【Q4】是否转化率越高的CPC广告效果越好？

【A4】不是，CPC广告的投放效果分为短期效果与长期效果，而转化率只对应了广告的短期效果。CPC广告的长期效果需要针对不同的业务场景单独进行分析。例如，在电商场景下，数据分析师需要分析转化后的用户复购数据，用户复购率越高，广告长期效果越好；在互联网拉新场景下，用户留存数据越高，广告长期效果越好。

【Q5】遇到多个广告组/广告投放渠道该如何筛选与优化？

【A5】可以使用四象限分析法进行筛选与优化。

在介绍多广告组筛选的四象限分析法前，需要引入一个基本概念——波士顿矩阵。

波士顿矩阵又称市场增长率—相对市场份额矩阵、波士顿咨询集团法、四象限分析法、产品系列结构管理法等。

企业实力包括市场占有率，技术、设备、资金利用能力等，其中市场占有率是决定企业产品结构的内在要素，它直接显示出企业竞争实力。销售增长率与市场占有率既相互影响，又互为条件：市场引力大，市场占有高，可以显示产品发展的良好前景，企业也具备相应的适应能力，实力较强；如果仅有市场引力大，而没有相应的高市场占有率，则说明企业尚无足够实力，则该种产品也无法顺利发展。相反，企业实力强，而市场引力小的产品也预示了该产品的市场前景不佳。

通过以上两个因素相互作用，会出现四种不同性质的产品类型，形成不同的产品发展前景：

（1）销售增长率和市场占有率"双高"的产品群（明星类产品）；

（2）销售增长率和市场占有率"双低"的产品群（瘦狗类产品）；

（3）销售增长率高、市场占有率低的产品群（问题类产品）；

（4）销售增长率低、市场占有率高的产品群（金牛类产品）。

这四种不同性质的产品类型一同组成了波士顿矩阵，如图10-41所示。

了解了波士顿矩阵后，就可以尝试思考如何筛选和优化多广告组了，这时候数据分析师又需要用到投资回报率，即ROI。（投资回报率是指通过投资而返回的价值，即企业从一项投资活动中得到的经济回报。它涵盖了企业的获利目标。利润和投入经营所必备的财产相关，因为管理人员必须通过投资和现有财产获得利润）

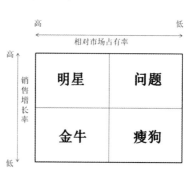

图10-41 波士顿矩阵示意图

在了解了ROI这一新的评估变量后，数据分析师就可以利用四象限分析法，从宏观角度对广告效果进行评估，四象限分析法的本质就是波士顿矩阵，其具体形式如图10-42所示。

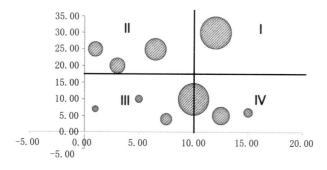

图10-42 使用气泡图进行展现的四象限分析法

在图10-42中横轴是广告的"ROI"数值，纵轴是"单个订单成本"（其计算方式是将与广告活动相关的产品总成本÷总订单量，产品总成本包含人工成本、库存成本、物流成本、广告成本……），图中的圆形区域指的是产品销售额（产品销售额=自然订单销售额+广告订单销售额），圆形区域越大，产品销售额就越高。

正如图10-42所示，图表中存在四个象限，其命名及排列顺序如图10-43所示。

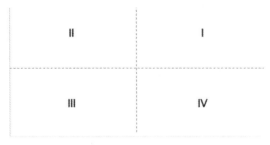

图10-43　四个象限示意图

当区分完各个象限后，结合图表中的信息，数据分析师就可以发现Ⅱ象限的价值是最低的，这是因为Ⅱ象限代表了低ROI数值即低投资回报率，以及高单个订单成本的区域，这里用方框将这类产品标注了出来，如图10-44所示。

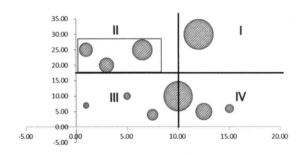

图10-44　用方框标注的低价值象限

假设业务方不想放弃处于Ⅱ象限产品，而是选择对广告投放进行优化的话，那么就有两种优化方式，一种是将这类产品从Ⅱ象限经过Ⅰ象限，最终优化到Ⅳ象限，另外一种就是将这类产品从Ⅱ象限经过Ⅲ象限，最终优化到Ⅳ象限，如图10-45所示。

当然除了这种主流优化方式，还有其他方法，一般可以分为如下三种优化方向：

（1）将象限Ⅰ、Ⅲ的渠道优化到Ⅳ，然后持续增加投入；

（2）将象限Ⅱ的渠道向Ⅰ、Ⅲ优化，否则淘汰；

（3）左上角的"低广告投放价值产品"花费应该减少。

当然，在实际优化过程中不可能一帆风顺，可能会出现如下"理想与现实互相PK"的情况，如图10-46所示。

图10-45 四象限分析法的优化思路　　　　图10-46 理想与现实的互相比较

　　优化策略如何选择，产品广告投放策略如何制定，这就要具体问题具体分析了，而且这也是考量数据分析师业务理解程度是否优秀的标准之一。但无论遇到怎样的多广告分析问题，象限分析法都能够帮助数据分析师从宏观角度分析广告效果，从而极大地提升运营决策能力。

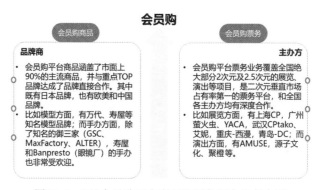

第11章

数据分析在电商平台订单分析中的应用——以B站会员购电商平台为例

11.1 B站会员购平台业务背景介绍

会员购平台作为B站商业化的重点发展方向之一，主要由"会员购商品"和"会员购票务"两个部分组成，其介绍如图11-1所示。

会员购

会员购商品

品牌商
- 会员购平台商品涵盖了市面上90%的主流商品，并与重点TOP品牌达成了品牌直接合作。其中既有日本品牌，也有欧美和中国品牌。
- 比如模型方面，有万代、寿屋等知名模型品牌；而手办方面，除了知名的御三家（GSC、MaxFactory、ALTER），寿屋和Banpresto（眼镜厂）的手办也非常受欢迎。

会员购票务

主办方
- 会员购平台票务业务覆盖全国绝大部分2次元及2.5次元的展览、演出等项目，是二次元垂直市场占有率第一的票务平台，和全国各主办方均有深度合作。
- 比如展览方面，有上海CP，广州萤火虫、YACA，武汉CPtako、艾妮，重庆-西漫，青岛-DC；而演出方面，有AMUSE，源子文化、聚橙等。

图11-1　B站会员购平台商品和票务两大业务介绍

B站会员购平台如今也在积极拓展自身的商业边界，例如商品业务已经逐渐包括服饰、书籍、3C用品等，而票务业务也慢慢涵盖各大竞赛、音乐会的服务。

在了解了会员购平台的基本业务定位后，为了帮助读者更好地理解涉及的订单数据，这里截取了会员购平台一款商品从商品详情页到订单提交页的App截图，如图11-2所示。

在图11-2中如果一个用户想要在B站会员购平台购买商品，就需要经过订单选择→订单提交→订单支付（未截图）这几个步骤，不同步骤的停留也意味着不同的订单状态，例如当用户只是完成了订单提交但并没有支付，那么该订单状态就是"待支付"，而如果一个用户已经完成了"订单支付"环节，那么这时订单状态就会变成"已支付"，除此之外，还存在有"待发货""已取消""待收货"等多个订单状态。

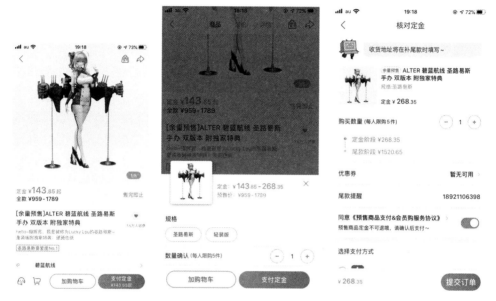

图11-2　会员购商品界面+订单选择界面+订单提交界面

11.2　B站会员购平台相关数据介绍

注意： 本节所讲解的图表示例对应"b站订单"中的数据，请读者根据学习需要自行下载查看。

打开"b站订单"中的订单数据报表时，可以发现该数据报表包括多个数据维度，如图11-3～图11-5所示。

商品编号	商品名称	商品价格	票号	座位	联系地址
10002051	[追加限量]GSC 食蜂	102.75	--	--	--
10007114	世嘉 Re:从零开始的	16.35	--	--	--
10008309	野兽王国 Mini Egg	19.35	--	--	--
10004204	哔哩哔哩 2233娘 偶	188	--	--	安徽省 淮南市 凤台县 肖庙村
10007114	世嘉 Re:从零开始的	16.35	--	--	--
10004416	哔哩哔哩 拜年祭限	122	--	--	陕西省 西安市 未央区 陕西省西安市未央区徐家湾街道河址
10008248	TAITO Re: 从零开	14.85	--	--	--
10002429	BANPRESTO（眼镜	99	--	--	湖北省 鄂州市 鄂城区 湖北省鄂州市鄂成区庙鹅岭和尚桥
10007116	Alphamax 缘之空	179.85	--	--	--
10000183	万代 SD EX-STAND	512	--	--	北京市 北京市 丰台区 北京市丰台区西罗园南里11号楼
10004799	万代 RG 空战型强	512	--	--	北京市 北京市 丰台区 北京市丰台区西罗园南里11号楼
10004789	万代 RG 空中霸王+	512	--	--	北京市 北京市 丰台区 北京市丰台区西罗园南里11号楼
10004152	万代 RG 沙扎比 拼	512	--	--	北京市 北京市 丰台区 北京市丰台区西罗园南里11号楼
10004416	哔哩哔哩 拜年祭限	122	--	--	安徽省 合肥市 包河区 合肥工业大学
10000708	PULCHRA 约会大作	769	--	--	江苏省 连云港市 灌云县 美都新城
10008248	TAITO Re: 从零开	14.85	--	--	--
10008376	万代 PG 扎古II 拼装	89.85	--	--	--

图11-3　"商品编号、商品名称、商品价格、票号、座位、联系地址"数据维度

如图11-3所示，"商品编号"可以理解为商品独一无二的标号，在很多行业中会用"SKU"来作为标识（商品编号存在的意义在于有时同样的商品可能具有不同的商品名称，如果这时没有商品编号进行标识，商品数据统计的结果可能会出现混乱）。"商品名称"指的是不同商品的名称，在电商行业中也可以理解为商品标题，"商品价格"是消费者购买商品需要支付的费用，"票号"与"座位号"是票务业务特有的数据，在本节的分析中不是重点，"联系地址"指的是消费者购买商品后填写的邮寄地址。

如图11-4所示，"渠道"指的是消费者购买这个商品时的流量来源，例如"search"指的是消费者在搜索引擎中搜索到了该商品进行购买，"homepage"指的是消费者在主页面看到了该商品进行购买……不同的渠道有不同的代名词，这些代名词的具体命名标准取决于不同公司的业务规则。"下单时间"指的是消费者提交订单的时间，"支付时间"指的是消费者实际付款的时间，"支付单号"指的是消费者支付费用后产生的支付凭证单号，"店铺名称"因为没有第三方店铺所以都是会员购，"店铺id"也都是2233。

渠道	下单时间	支付时间	支付单号	店铺名称	店铺id
search	2019/2/9 16:00	2019/2/9 16:00	'4083290968857591808	会员购	2233
sb_xp	2019/2/9 15:59	0002-11-30 00:00:00	'--	会员购	2233
search	2019/2/9 15:59	2019/2/9 16:00	'3083290859838570496	会员购	2233
zb_zt	2019/2/9 15:59	2019/2/9 16:00	'3083290846249025536	会员购	2233
card_dm	2019/2/9 15:59	2019/2/9 16:00	'3083290831387660288	会员购	2233
shoppingcart	2019/2/9 15:59	0002-11-30 00:00:00	'--	会员购	2233
category_sb	2019/2/9 15:59	2019/2/9 15:59	'3083290777155309568	会员购	2233
search	2019/2/9 15:59	2019/2/9 15:59	'4083290770686611456	会员购	2233
card_item	2019/2/9 15:59	2019/2/9 16:00	'3083290769138098176	会员购	2233
homepage	2019/2/9 15:59	2019/2/9 15:59	'3083290723867623424	会员购	2233
homepage	2019/2/9 15:59	2019/2/9 15:59	'3083290723867623424	会员购	2233
homepage	2019/2/9 15:59	2019/2/9 15:59	'3083290723867623424	会员购	2233
homepage	2019/2/9 15:59	2019/2/9 15:59	'3083290723867623424	会员购	2233
card_dm	2019/2/9 15:59	2019/2/9 15:59	'4083290753258192896	会员购	2233
search	2019/2/9 15:59	2019/2/9 15:59	'3083290662161022976	会员购	2233
search	2019/2/9 15:59	2019/2/9 16:01	'4083290642748026880	会员购	2233
card_item	2019/2/9 15:59	2019/2/9 15:59	'3083290666698313728	会员购	2233

图11-4 "渠道、下单时间、支付时间、支付单号、店铺名称、店铺id"数据维度

如图11-5所示，"订单状态"分为多种形态，"待支付"指的是消费者已经提交了订单还没有付款的状态；"已取消"指的是消费者提交订单后取消的状态；"待发货"指的是消费者已经完成订单支付，同时商品已入库准备发货的状态；"待收货"指的是仓库已经发货，等待消费者签收的状态；"已完成"指的是客户签收货品，商品链路全部完成的状态。"售后状态"因为并不是订单数据分析的重点，所以这里略过。"是否海外购"指的是是否为跨境购物订单，一般订单都是"否"即这些订单都是国内订单。"税费"

订单状态	售后状态	是否海外购	税费
待支付	--	否	0
已取消	--	否	0
待支付	--	否	0
待发货	--	否	0
待支付	--	否	0
已取消	--	否	0
待发货	--	否	0
待收货	--	否	0
待支付	--	否	0
待发货	--	否	0
待发货	--	否	0
待发货	--	否	0
待收货	--	是	0
待支付	--	否	0

图11-5 "订单状态、售后状态、是否海外购、税费"数据维度

指的是订单产生的缴税费用，此数据一般是财务数据分析的重点，而非订单数据分析的重点，所以略过。

11.3　订单数据的数据分析基本思路

正如在"数据分析导论"中所提及的那样，数据分析的四大步骤分别为数据获取、数据清洗、数据分析、业务决策，考虑到订单数据分析本身并不涉及业务决策环节，所以前三环节就成为重心，如图11-6所示。

在图11-6中订单数据的数据抓取比较简单，只需要从平台内部数据库对相关数据进行调取即可；数据清洗则主要分为无效数据清洗＋有效数据筛选两部分，无效数据指的是空值、残缺值、离群值等，有效数据指的是符合分析时间段和分析对象的相关数据；数据分析则包括多个维度的分析，例如用户维度的分析、品牌维度的分析等。

数据抓取	数据库数据调取		数据读取	单个表格读取、多个表格读取
⇩			⇩	
数据清洗	无效数据清洗、有效数据筛选		数据处理	数据格式转换、数据清洗
⇩			⇩	
数据分析	用户属性判别、品牌渗透都判别、订单时间/地区分布		数据分析	描述性分析、预测性分析、可视化分析

图11-6　订单数据的三个步骤　　　　图11-7　订单数据分析的相关技术要点

如图11-7所示，从技术执行的角度出发，"数据读取"分为"单个表格读取"和"多个表格"两种方式，这两种方式的Python代码及其执行结果如图11-8～图11-11所示。

```python
import numpy as np
import pandas as pd
import matplotlib.pyplot as plt
%matplotlib inline
import os

data=pd.read_excel('C:/Users/lenovo/Desktop/b站订单/bilibili2月9日订单.xlsx')
print(data.head())
```

图11-8　单个表格读取的Python代码

图11-9　读取单个表格的Python代码执行结果

```python
import numpy as np
import pandas as pd
import matplotlib.pyplot as plt
%matplotlib inline
import os


file_path='C:\\Users\\lenovo\\Desktop\\b站订单'    # Data path
file_list=os.listdir(file_path)
print(file_list)

for orders in file_list:
    data=pd.read_excel(file_path+'\\'+orders)
    print(data.head())
```

图 11-10　读取多个表格的 Python 代码

```
['bilibili2月8日订单.xlsx', 'bilibili2月9日订单.xlsx']
   商品编号                                              商品名称  商品价格  票号 \
0  10007970            [追加限量]TAITO VOCALOID 初音未来 制服Ver. 景品手办  14.85  —
1  10007195      哔哩哔哩 2233猪头系列手机壳iphone&安卓款 周边   59.00  —
2  10007093  BANDAI SPIRITS 万代 关于我转生变成史莱姆这档事 利姆露 米莉姆 手办(组合装...    74.85  —
3  10008248            TAITO Re: 从零开始的异世界生活 雷姆 景品手办  14.85  —
4  10005337      [追加限量]F:NEX Overlord 安兹·乌尔·恭 手办 附特典 216.00  —

  座位           联系地址          渠道           下单时间 \
0  —              —     card_item 2019-02-08 11:59:55
1  —  内蒙古自治区 鄂尔多斯市 东胜区 民联D区西门门房       card_dm 2019-02-08 11:59:41
2  —              —   category_sb 2019-02-08 11:59:37
3  —              —         board 2019-02-08 11:59:37
4  —              —     mall_mine 2019-02-08 11:59:23

                支付时间           支付单号  店铺名称 店铺id 订单状态 售后状态 是否海外购 税费
0 2019-02-08 12:00:07  '4082868067945967616  会员购  2233 待支付  —    否    0
1 2019-02-08 11:59:54  '4082868011871506432  会员购  2233 待收货  —    否    0
2 2019-02-08 11:59:54  '4082867989632221184  会员购  2233 待支付  —    否    0
3 2019-02-08 12:00:03  '3082867989066260480  会员购  2233 待支付  —    否    0
4 2019-02-08 11:59:35  '3082867930403643392  会员购  2233 待支付  —    否    0
```

图 11-11　读取多个表格的执行结果

　　在"数据处理"环节，数据分析师一方面要将分析的数据格式转变成适合的形式（例如 Python 中 DataFrame 的形式），另一方面还需要将类似于"--"的无效数据进行剔除，其中"--"无效数据示例如图 11-12 所示，无效数据剔除的 Python 代码及其执行结果如图 11-13 和图 11-14 所示。

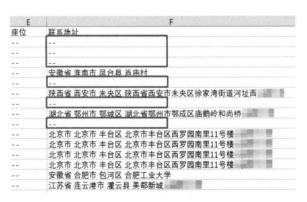

图 11-12　"--"无效数据示例

```
print(type(data.loc[0,'联系地址'])==str)
print(data.loc[0,'联系地址'])
print(data.loc[0,'联系地址']=='—')
print(data.loc[3,'联系地址'])
print(data.loc[3,'联系地址']=='—')
data_cleaned={'price':[],'sku':[],'address':[]}
for i in range(10550):
    if data.loc[i,'联系地址']!='—':
        data_cleaned['price'].append(data.loc[i,'商品价格'])
        data_cleaned['address'].append(data.loc[i,'联系地址'])
        data_cleaned['sku'].append(data.loc[i,'商品编号'])
df=pd.DataFrame(data_cleaned)
print(df)
```

图 11-13　"--" 无效数据剔除的
　　　　　Python 代码

```
True

True
安徽省 淮南市 凤台县 肖庙村
False
         price       sku                    address
0        188.0  10004204          安徽省 淮南市 凤台县 肖庙村
1        122.0  10004416  陕西省 西安市 未央区 陕西省西安市未央区徐家湾街道河址西
2         99.0  10002429  湖北省 鄂州市 鄂城区 湖北省鄂州市鄂城区庙鹏岭和尚桥
3        512.0  10000183  北京市 北京市 丰台区 北京市丰台区西罗园南里11号楼
4        512.0  10004799  北京市 北京市 丰台区 北京市丰台区西罗园南里11号楼
...        ...       ...                        ...
5064     289.0  10004117  河南省 洛阳市 洛宁县 华泰世纪城西50米(永宁大道北)乾瑞二区
5065     318.0  10002585  上海市 上海市 黄浦区 白渡路258弄4号楼
5066     318.0  10007195  上海市 上海市 黄浦区 白渡路258弄4号楼
5067    2059.0  10002553  江苏省 徐州市 沛县 大屯姚桥发电厂
5068    2059.0  10002553  江苏省 徐州市 沛县 大屯姚桥发电厂

[5069 rows x 3 columns]
```

图 11-14　"--" 无效数据剔除的结果

在"数据分析"环节，Python 中自带了很多便捷的分析方法，这里展现了数值分析和基本可视化分析的 Python 代码及其执行结果，如图 11-15～图 11-18 所示。

```
data_cleaned={'price':[]}
for i in range(10550):
    if data.loc[i,'联系地址']!='—':
        data_cleaned['price'].append(data.loc[i,'商品价格'])
df=pd.DataFrame(data_cleaned)
print(df)
print(df.describe())
```

图 11-15　数值分析的 Python 代码

```
         price
0        188.0
1        122.0
2         99.0
3        512.0
4        512.0                      price
...        ...         count  5069.000000
5064     289.0         mean    299.340738
5065     318.0         std     299.536228
5066     318.0         min       0.000000
5067    2059.0         25%      99.000000
5068    2059.0         50%     219.000000
                       75%     417.000000
[5069 rows x 1 columns]  max   8380.000000
```

图 11-16　数值分析的执行结果

```
data_cleaned={'price':[]}
for i in range(10550):
    if data.loc[i,'联系地址']!='—':
        data_cleaned['price'].append(data.loc[i,'商品价格'])
df=pd.DataFrame(data_cleaned)
print(df)
print(df.describe())
df.hist(bins=20)
```

图 11-17　基础数据可视化的 Python 代码

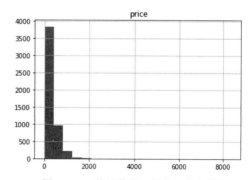

图 11-18　基础数据可视化的执行结果

由于本章节重点在业务逻辑讲解而非技术方法介绍，所以关于技术执行的内容仅点到为止，读者可以根据自身需求和本书前半部分的技术章节进行参考，在接下来的内容中将会结合不同的分析思路和结果讲解业务逻辑。

11.4 B站会员购时间相关订单数据的分析思路及业务应用

11.4.1 订单时间分布分析

鉴于初始的订单数据只包含不同订单的下单时间，所以如果数据分析师想要统计不同时间的订单量，就要将下单时间数据汇总成不同时间的订单统计量，如图11-19所示。

下单时间		时间数据汇总统计	
		时间	订单数
2019/2/9 16:00		0时	795
2019/2/9 15:59		1时	483
2019/2/9 15:59		2时	326
2019/2/9 15:59		3时	167
2019/2/9 15:59		4时	130
2019/2/9 15:59		5时	52
2019/2/9 15:59		6时	60
2019/2/9 15:59		7时	105
2019/2/9 15:59		8时	225
2019/2/9 15:59		9时	430
2019/2/9 15:59		10时	811
2019/2/9 15:59		11时	707
2019/2/9 15:59		12时	971
2019/2/9 15:59		13时	893

图11-19　将下单时间数据汇总为不同时间的订单统计量数据

当数据分析师完成对不同时间段的订单量的统计后，就可以对统计数据进行可视化处理，从而比较不同时间段订单购买量的大小，如图11-20所示。

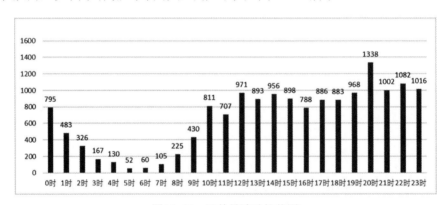

图11-20　订单量波动柱状图

通过对B站会员购平台2月9日订单数据的分析，数据分析师可以发现当天订单的购物高峰期为早上10点以后，与此同时，为了能更突出不同时间段订单数量的占比，数据分析师还可以使用帕累托分析对数据进行可视化展示，如图11-21所示。

如图11-21所示，2月9日当天订单量占比最大的时间在晚上8点，其次是晚上10点，然后是9点，后续依次为中午12点、晚上7点、下午2点、下午3点、下午1点。综上所述，B站会员购平台的用户在2月9日当天夜间（晚上7点～晚上12点）具有较大的购物热情，数据分析师因此可以推断B站会员购平台整体用户活跃时间偏向于夜间。

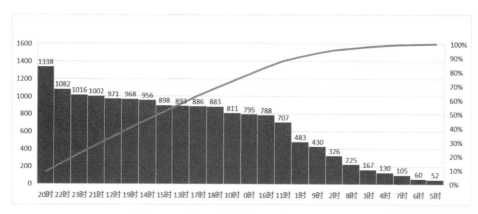

图 11-21　单日订单量波动的帕累托分析图

11.4.2　订单价格分布分析

在统计完不同时间段的订单数据后，结合时间维度数据，数据分析师还可以对不同时间段的客单价数据进行分析，如图 11-22 所示。

商品价格	下单时间		
102.75	十六时〇〇分	0时	148.50
19.35	十五时五十九分	1时	145.51
188	十五时五十九分	2时	166.40
16.35	十五时五十九分	3时	136.59
14.85	十五时五十九分	4时	197.00
99	十五时五十九分	5时	89.95
179.85	十五时五十九分	6时	164.61
512	十五时五十九分	7时	140.30
512	十五时五十九分	8时	145.93
512	十五时五十九分	9时	141.47
512	十五时五十九分	10时	177.56
122	十五时五十九分	11时	155.79
769	十五时五十九分	12时	201.18
14.85	十五时五十九分	13时	161.94
		14时	178.01

图 11-22　对不同时间段的客单价数据进行分析

不同时间段的客单价数据统计方法如下：

（1）筛选出订单数据中的时间维度数据和价格数据；

（2）汇总不同时间段产生订单价格数据的累和与不同时间段的订单量；

（3）将不同时间段价格数据的累和除以该时间段的订单量，得到不同时间的客单价数据。

数据分析师可以针对不同时间的客单价统计数据进行可视化处理，建议使用折线图进行展现，这是因为折线图可以更好地体现数据在不同时间段的波动，如图 11-23 所示。

在图 11-23 所示中 B 站会员购平台的订单客单价在 2 月 9 日当天围绕 150 元波动，其中凌晨 5 点是客单价的最低峰，中午 12 点是客单价的最高峰，其中虚线展现了客单价随时间变化的整体波动趋势，即 2 月 9 日当天的订单客单价会随着时间的推移而呈现整天上升的状态。

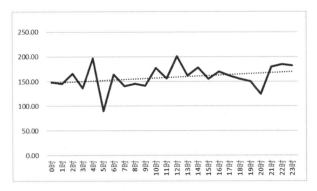

图11-23　客单价波动折线图（图中虚线为线性回归预测性）

11.4.3　订单时间分布与价格分布的交叉分析

结合时间维度，数据分析师除了可以对订单时间分布以及价格分布单独做分析外，还可以结合两者数据做交叉分析，其可视化图表如图11-24所示。

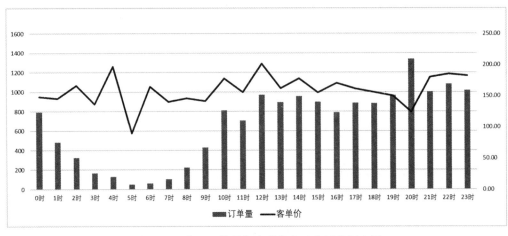

图11-24　单日订单量与客单价交叉分析的组合图

如图11-24所示，图中横轴为一天24小时，左边的纵轴表示订单数量，右边的纵轴表示客单价。数据分析师借助该组合图可以发现客单价和订单量并没有绝对的关联关系。例如B站会员购平台在2月9日晚上8点订单量达到最高峰，客单价却较低，但是在2月9日中午12点时客单价和订单量都处于较高的位置，与此同时在2月9日凌晨4点，订单量处于低估的同时客单价却较高。

11.4.4　不同时间相关订单数据的分析汇总

在11.4.3针对2月9日B站会员购订单的分析案例中，针对的是小时维度时间数据，而在真实的业务场景中，时间相关数据包括年、季度、月、小时、分钟、秒钟等，不同的维度对应的分析目的也不完全相同，其对应关系如图11-25所示。

在图11-25中，按季度、年进行订单统计其目的是分析行业/市场的需求波动，例如在服饰行业，品牌方就会通过分析全年的订单数据来判断不同服装品类淡旺季时间的更替节点，从而在下一个年度更科学地在适合的时间推出对应的商品；按月进行订单统计其目的是分析公司/部门的业绩波动。

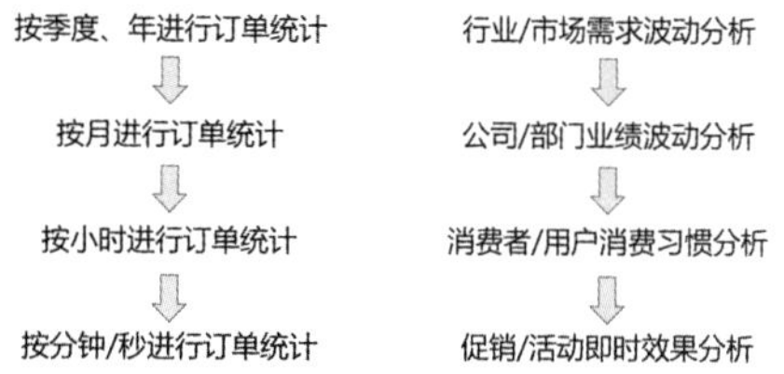

按季度、年进行订单统计	行业/市场需求波动分析
按月进行订单统计	公司/部门业绩波动分析
按小时进行订单统计	消费者/用户消费习惯分析
按分钟/秒进行订单统计	促销/活动即时效果分析

图11-25　不同时间相关的订单数据类型及分析目的

例如很多企业会对业务部门进行月业绩考核，从而即时评估自身产品的销售利润和销量波动；按小时进行订单统计其目的是分析消费者/用户的消费习惯，例如上文中介绍的 B 站会员购电商平台的案例就属于这个范畴；按分钟/秒进行订单统计是为了分析促销/活动的即时效果，例如在每年"双11""618大促"的时候很多商家与平台为了即时分析大促活动优惠券、直播、秒杀等活动的即时性效果，都会以分钟甚至秒的维度对订单进行分析。

11.5　B 站会员购商品相关订单数据的分析思路及业务应用

11.5.1　商品客单价分布分析

在 B 站会员购电商平台，有各式各样的商品被销售给用户，其中不同商品的价格大概率是不同的。为了能够了解一个平台商品的价格差异，数据分析师可以使用商品客单价分析，其数据分析步骤如图11-26所示。

商品编号	商品价格	商品编号	商品客单价
10002051	102.75	10000014	507
10007114	16.35	10000024	517
10008309	19.35	10000026	375
10004204	188	10000029	422
10007114	16.35	10000045	195
10004416	122	10000050	372
10008248	14.85	10000053	274
10002429	99	10000057	228
10007116	179.85	10000071	162
10000183	512	10000099	354
10004799	512	10000100	517
10004789	512	10000104	182
10004152	512	10000138	506
10004416	122	10000143	439

图11-26　对商品客单价进行分析

数据分析师首先要筛选出订单数据中的商品编号+商品价格数据，然后计算不同商品编号所有订单数据的平均价格，最终可以得到不同商品编号对应的客单价数据，与此同时数据分析师还可以针对客单价数据进行帕累托分析，并生成可视化图表。

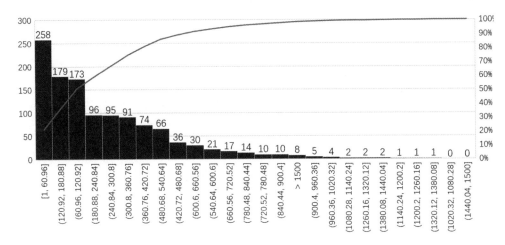

图 11-27　商品客单价帕累托分析的可视化图表

如图 11-27 所示，符合 1~60.96 元客单价区间的商品数量最多，有 258 个商品，其次是 120.92~180.88 元的客单价区间，有 179 个商品，然后是 60.96~120.92 元的客单价区间，有 173 个商品。在客单价分布上，除了头部三个客单价区间有较多的商品数量外，中部客单价区间的商品数量适中，例如 180.88~240.84 元、240.84~300.8 元、300.8~360.76 元、360.76~420.72 元、480.68~540.64 元都符合中部客单价区间的特征。除此以外的客单价区间都属于尾部区间，符合这些区间的商品数量较为稀少。

综上所述，B 站会员购平台的商品更偏向于中低客单价定位，其中几十元的商品数量最多，除此之外在 180 元以内的商品也占据了较大的比例。

11.5.2　商品销量分布分析

商品客单价分布分析只能让数据分析师了解 B 站会员购电商平台商品供给端的价格分布，而需求端的销量分布则需要通过商品销量分布分析来进行研究，其分析流程如图 11-28 所示。

商品编号	商品名称	商品价格
10002051	[追加限量]GSC 食戟之灵 薙切绘里奈 手办 再版	102.75
10008309	野兽王国 Mini Egg Attack 漫威 死侍 Q版手办	19.35
10004204	哔哩哔哩 2233娘 假两件卫衣 周边	188
10007114	世嘉 Re:从零开始的异世界生活 雷姆 天使Ver. 景品手办 再版 附特典	16.35
10008248	TAITO Re: 从零开始的异世界生活 雷姆 景品手办	14.85
10002429	BANPRESTO（眼镜厂）刀剑神域 亚丝娜 婚纱 景品手办 EXQ系列	99

商品编号	销售数量
10007114	713
10007970	693
10008248	594
10004416	489
10003959	405
10007093	347
10007116	343
10008286	280
10007195	239
10008389	194
10005084	168
10008300	168
10003671	160
10003053	156

图 11-28　分析商品销量分布的流程

在图 11-28 中，数据分析师首先要筛选出商品编号 + 商品名称 + 价格数据，然后根据不同的商品编号统计其在 2 月 9 日当天的销售量，最终汇总不同商品的销售数据，其商品销量分布的柱状图如图 11-29 所示。

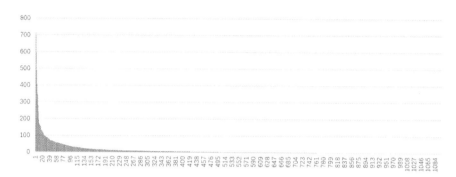

图 11-29　单日不同商品销量柱状图（长尾分布）

在图 11-29 中当数据分析师对 2 月 9 日的订单数据进行商品销量分布数据进行可视化处理后，可以发现其生成的销售数量柱状图整体符合长尾分布的规律，即头部商品销量极大，随着销量排名由高到低排列，商品销量一开始急剧下滑，但后面慢慢趋向于稳定逐渐向零逼近但并没有一下子变成零销量。

11.5.3　商品销量波动趋势分析

在完成了商品客单价分布分析和商品销量分布分析后，数据分析师接下来可以同时结合时间数据和商品销售数据对不同商品的销量波动趋势进行分析，其分析流程如图 11-30 所示。

商品编号	下单时间	商品价格		时间	10007114商品	10007970商品	10008248商品
10002051	十六时○○分	102.75		0时	37	35	36
10008309	十五时五十九分	19.35		1时	22	19	15
10004204	十五时五十九分	188		2时	13	17	10
10007114	十五时五十九分	16.35		3时	11	8	6
10008248	十五时五十九分	14.85		4时	4	6	2
10002429	十五时五十九分	99		5时	0	3	2
10007116	十五时五十九分	179.85		6时	2	1	2
10000183	十五时五十九分	512		7时	8	2	4
10004799	十五时五十九分	512		8时	7	6	12
10004789	十五时五十九分	512		9时	20	24	21
10004152	十五时五十九分	512		10时	34	20	20
10004416	十五时五十九分	122		11时	38	30	27
10000708	十五时五十九分	769		12时	29	30	36
10008248	十五时五十九分	14.85		13时	45	34	35

图 11-30　分析不同商品的销量趋势的流程

在图 11-30 所示中数据分析师首先需要从 B 站 2 月 9 日的订单数据中筛选出商品编号 + 下单时间 + 商品价格数据（商品价格的统计是为了帮助数据分析师后期判断不同商品的价格定位差异），然后统计不同商品在一天不同时间段内的销售数量。

在本节中，先选了五个典型商品作为案例进行讲解，这五个商品在一天24小时内的订单数量波动可视化折线图如图11-31所示。

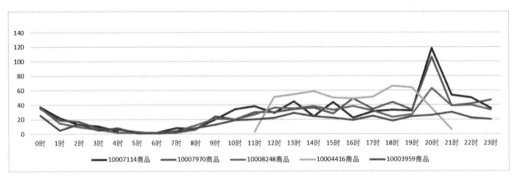

图11-31　不同商品一天24小时的订单数量波动折线图

这五个商品并不具有相同的销售波动趋势，其中线条代表的10007114商品与线条代表的10007970商品销售趋势类似，即晚上8点达到订单最高峰，其余时间则订单波动较小；线条代表的10004416商品的销量波动趋势比较特殊，从中午12点开始有销售数据，并持续处于高位，然后到晚上9点不再有销售数据；线条代表的10008248商品在晚上8点有一定的销售波动，其余时间的销量变化趋势不明显；线条代表的10003959商品全天销量波动都不明显。

为了能更好地理解这五款商品销售波动趋势不同的原因，数据分析师需要结合具体的商品名称和价格进行分析，与此同时还附带了这几款商品对应的图片素材，如图11-32所示。

图11-32　五款不同商品的商品标题及价格，以及对应的图片素材

10007114商品与10008248商品都来源于同一个IP"雷姆"（该角色来源于著名动漫），并且价格都较为便宜，所以两者在销售波动趋势上有一定的相似性。

例如在晚上8点时都处于销售高峰；10007970商品来源于IP"初音未来"，且价格较低，考虑到"初音未来"本身属于著名的动漫角色之一，所以在晚上8点与"雷姆"IP相关手办一同处于销售量高峰也符合逻辑；10004416商品与10003959商品都属于B站会员购特色商品——福袋类商品（福袋类商品可以理解为随机商品，即销售者可以通过支付一定的费用购买福袋，然后可能会抽取到高价格商品），其中10004416的客单价较低，为122元，而10003959的客单价较高，为333元，根据上文中展示的销售趋势折线图，数据分析师可以发现10004416福袋比10003959福袋更畅销。

这一方面是因为前者的客单价更符合B站会员购主流用户的购买力（因为在商品客单价分布分析中可以发现大部分商品的客单价在180元以内），另一方面是因为前者有可能是限时销售产品，即从当天中午12点开售，当天晚上9点停售。

11.5.4　商品地区客单价分析

在结合地区维度的数据分析上，商品地区客单价分析是常见的分析方式，其分析流程如图11-33所示。

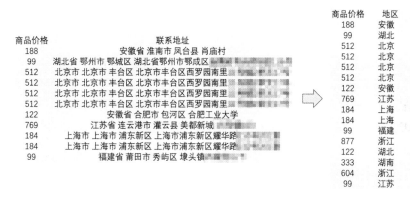

图11-33　分析商品地区客单价的流程

数据分析师首先要从订单数据中筛选出商品价格＋联系地址数据，然后将联系地址数据中匹配出1级地区信息（一般而言，省份/直辖市为1级地区信息，城市为2级地区信息，区/县为3级地区信息），匹配可以根据联系地址数据中的第一个空格来执行，即第一个空格前的数据为1级地区信息。完成匹配后，再结合不同地区的订单数据计算对应的客单价，最终可以获得不同地区的平均客单价数据，从而形成如图11-34所示的不同地区客单价分布柱状图：

如图11-34所示，从图中可以看到大部分地区的客单价都处于200～300元的区间，而某区域的客单价特别高，其数值超过了600元。一般而言，离群值必然有其数据特殊性才会出现，数据分析师可以从2月9日的订单数据中发现这个地区的订单数量很少，由极少订单量带来的客单价数据并不具备高代表性，所以在后续的分析中可以将此数据予以剔除。

当排除这个地区的数据干扰后，数据分析师可以发现浙江省和上海市的客单价名列前茅，都高于了300元，与此同时经济较为发达的江苏省、广东省、北京市等地区的客单价也排名前列，因此数据分析师可以建议业务方：在未来的业务发展中可以把经济发达省份作为重点考量对象，因为这些地区的高客单价可以带来更加丰厚的业绩与利润。

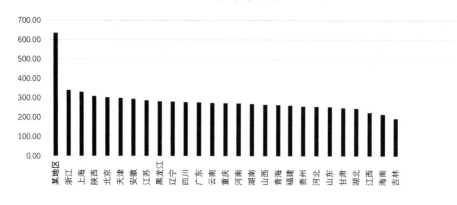

图11-34　不同地区客单价分布柱状图

11.6　B站会员购多日订单数据的汇总

在上文的分析中，笔者针对的都是2月9日的订单数据，而在"b站订单"的文件夹中，除了2月9日的订单数据外，还存有2月8日的订单数据，如图11-35所示。

名称	修改日期	类型	大小
bilibili2月8日订单	2020/12/22 10:31	Microsoft Excel ...	2,076 KB
bilibili2月9日订单	2020/12/19 19:26	Microsoft Excel ...	2,164 KB

图11-35　"b站订单"文件中存有的2月8日与2月9日订单数据

读者可以结合上文中介绍的多表格分析的方法对这两天的订单数据进行汇总分析，汇总后数据的分析思路与单数据分析思路并无太大差异，也可以从时间相关订单数据和商品相关订单数据这两个角度出发进行分析。

11.7　B站会员购订单数据针对地区品牌渗透度基本判别的分析

在上文中，已经介绍了针对不同地区客单价分析的方法，除此之外数据分析师还可以结合订单数据评估B站会员购在不同地区的品牌渗透度，其第一步就是通过数据筛选得出不同地区的订单量数据，其流程可拆分为两个步骤，分别如图11-36和图11-37所示。

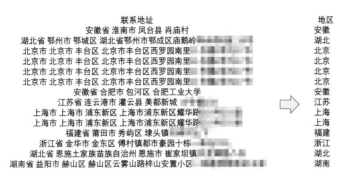

图 11-36 从联系地址中筛选出来的 1 级地区信息

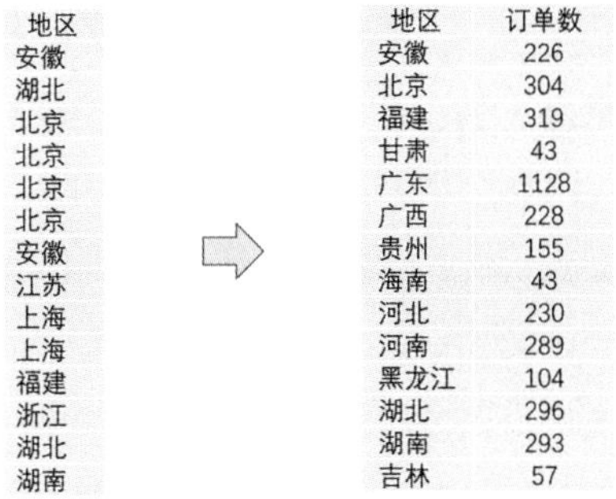

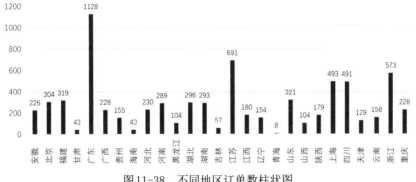

图 11-37 从 1 级地区信息筛选出来对应的订单量

数据分析师首先需要从联系地址中筛选出省份的 1 级地区信息，再通过订单数据得到不同 1 级地区的订单量进行统计，最后可以根据统计数据生成如图 11-38 所示的可视化图表。

```
1200
1000                  1128
 800
                              691
 600                                      493 491  573
 400   304 319      289 296 293      321
   226          228          104     180 154    104 179         129 158    228
 200       43          230      57              8
  43
   0
   安徽 北京 福建 甘肃 广东 广西 贵州 海南 河北 河南 黑龙江 湖北 湖南 吉林 江苏 江西 辽宁 青海 山东 山西 陕西 上海 四川 天津 云南 浙江 重庆
```

图 11-38 不同地区订单数柱状图

为了能够更好地评估不同地区订单量在所有订单中的占比，数据分析师可以使用帕累托分析进行可视化展现，如图 11-39 所示。

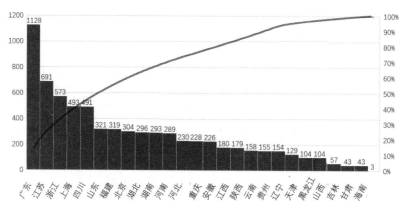

图11-39　不同地区订单数的帕累托分析图表

其中广东省的订单量是最大的，有超过1000笔订单来自这个地区，其次是江苏省、浙江省、上海市、四川省，这几个省份构成了B站会员购平台订单占比的第一地区梯队，而排在之后的山东省、福建省、北京市等省份则构成了第二地区梯队。

当数据分析师获知了不同地区的订单数据后，就可以将这些地区的订单数据与当地的人口数据相结合，从而对B站会员购品牌在这些地区的渗透度做基本的判别，如图11-40所示。

地区	订单数
广东省	1128
江苏省	691
浙江省	573
上海市	493
四川省	491
山东省	321
福建省	319
北京市	304
湖北省	296
湖南省	293
河南省	289
河北省	230
重庆市	228
安徽省	226

中国各省市人口排名

1.广东——1.1346亿　　11.广西——4926万
2.山东——1.0047亿　　12.云南——4830万
3.河南——9605万　　　13.江西——4648万
4.四川——8341万　　　14.辽宁——4359万
5.江苏——8051万　　　15.福建——3941万
6.河北——7556万　　　16.陕西——3864万
7.湖南——6899万　　　17.黑龙江——3773万
8.安徽——6324万　　　18.山西——3718万
9.湖北——5917万　　　19.贵州——3600万
10.浙江——5737万　　　20.重庆——3102万

图11-40　订单数据与当地人口数据

在理想情况下，如果各个地区的用户完全一致，即在收入水平、教育程度、文化习俗等要素一致的情况下，如果一个品牌/平台在各个地区的推广和宣传程度一致，那么这个品牌/平台在不同地区的订单量将会与人口呈现绝对的正相关性，即当地人口越多，订单量越大。

基于以上判断，数据分析师可以结合图11-39展示的数据对B站会员购平台在各个地区的品牌渗透度进行基础的判断。例如，广东省的人口有1.13亿，人口数量排名第一，山东省以1.004 7亿人口排名第二，但是在订单数量上广东省和山东省差距巨大，前者有

1128个订单，而后者仅仅只有321个订单，虽然广东省的经济发展优于山东省，但是这并不足以导致如此大的订单数量差异，由此可见 B 站会员购平台在广东省的品牌渗透率要远高于山东省。

依此类推，数据分析师可以通过各个省份的人口量、订单数、经济发展状况来对品牌渗透率的大小做基础的评估。

第 12 章

数据分析在商业分析中的应用——
以商品多渠道管理为例

12.1　什么是商业分析

商业分析，是识别业务需求和确定业务问题解决方案的研究学科，其通常被用来解决战略规划、流程改进、组织变更等宏观商业问题。商业分析与数据分析本身没有明确的界限，只是前者更多地处理宏观问题，而后者则主要应用在业务场景中。例如，当一家企业想要开拓一项新业务或者新方向时，就会从供应链上下游、行业竞争现状、市场需求等多个角度来进行评估，而这些维度的数据一般都较为宏观，它们更多被用来评估方向的正确性。

12.2　商业分析和数据分析的区别是什么

很多数据分析师容易把商业分析和数据分析混为一谈，其实两者有着较大的区别，见表12-1。

表 12-1　商业分析师与数据分析师的不同

	商业分析师	数据分析师
专业要求不同	专业偏向经济、金融、工商管理（商科导向）	专业偏向数学、计算机（理科导向）
工作内容不同	（1）负责某个独立项目的数据收集、分析、提出针对性的建议 （2）构建商业分析框架，进行全维度的商业分析 （3）依据国家有关政策，及时提出切实可行的战略 改善方案	（1）负责日常数据监控与分析，针对异常情况协调资源进行跟踪和深入分析 （2）为各类业务部门（产品、运营、市场、广告）提供数据支撑 （3）探究用户行为习惯特征，优化公司产品收益，驱动业务增长

续表

商业分析师	数据分析师
掌握技能不同	（1）有一定的MBA背景，对市场、上下游、商业有强烈的洞察力，具备系统的资料收集、市场研究能力，及良好的文字处理能力 （2）需要懂得各类的策略模型与方法论：如RFM、波士顿矩阵、金字塔原理、5W2H分析、SWOT分析等	（1）能力偏向针对某个公司产品，进行分析建模，增长驱动 （2）有较强的落地能力，与各业务部门的配合的沟通能力 （3）掌握基本统计模型及统计学知识：回归分析、聚类分析、时间序列分析、多元统计等

如表12-1所示，商业分析师与数据分析师在专业要求、工作内容、掌握技能上都有所不同，如果用一句话来概括两者的差异，那就是"数据分析偏向于战术指导，商业分析偏向于战略指导"。战略指导决定方向是否正确，战术指导决定执行是否高效，对于一家企业的长期运营而言，两者缺一不可。

所谓辅助战术指导的数据分析，指的就是那些可以直接应用于业务落地的分析方法，如图12-1和图12-2所示的四象限分析法就是其中之一。

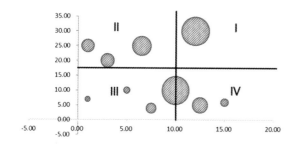

图12-1　象限分析法

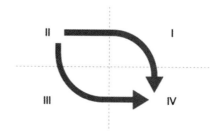

图12-2　战术指导的经典方法——四象限分析优化法

在图12-1中横轴为ROI，纵轴为单个订单成本，图中圆的大小代表了不同商品的销售额，同时将图的坐标轴划分出了Ⅰ到Ⅳ四个象限，其中Ⅱ象限的价值最小，因为意味着高订单成本低ROI；Ⅳ象限的价值最大，因为意味着低订单成本高ROI。基于以上判断，数据分析师就可以使用图12-2所示的优化方法对商品的定位进行优化，优化方向有两个：一种方向是从Ⅱ象限移到Ⅰ象限再移到Ⅳ象限，即一开始提升ROI（例如提升广告投放精准度、提升用户复购率等），然后降低单个订单成本（例如优化供应链减少产品生产成本）；另外一种方向是从Ⅱ象限移到Ⅲ象限再移到Ⅳ象限，即一开始降低单个订单成本，然后提升ROI。

所谓战略指导的商业分析，指的是那些可以指导业务发展方向的分析方法，其中包含行业分析、市场分析、用户分析、需求分析等，分别如图12-3～图12-5所示。（这里以二次元手游的商业分析为例进行讲解）

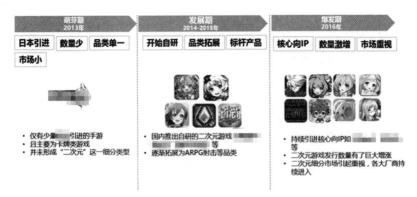

图12-3　二次元手游行业分析

在图12-3中展现的是二次元手游行业分析中的行业生命周期分析，行业生命周期和产品生命周期一样可以分为多个阶段，例如图例中的萌芽期、发展期、爆发期……行业不同生命周期意味着行业体量增长速度的快慢和企业机会的大小，其判断标准可以是行业体量的预估值、行业标杆企业的数量、行业品类的丰富程度等。

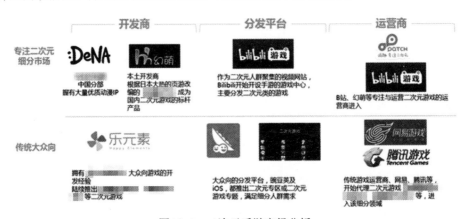

图12-4　二次元手游市场分析

在图12-4中展现的是二次元手游市场分析中的市场角色分析。在任何一个细分市场中都存在多种多样的角色，例如图例中展现的二次元手游市场中的开发商、分发平台（渠道商）、运营商等，不同的角色具有不同的核心竞争力，在商业分析中需要通过不同角色的独立研发能力（供应维度）、用户体量（需求维度）等相关数据来评估商业价值。

在图12-5中展现的是二次元手游用户分析中的用户描述性统计，其中包含了二次元手游领域中的学历分布、职业分布、收入分布。实际商业分析中的用户分析部分会包括更多的维度，例如性别分布、地域分布、消费能力分布等，这些数据可以通过用户访谈、问卷分发、实体调研等方式获取。

在图12-6中展现的是二次元手游需求分析中的产品定位分析，图中最左边位置代表了"二次元内容最重，但可玩性最轻"的定位，例如动画、漫画、轻小说等；图中中间位置代表了"同时具备二次元内容与可玩性"的定位，二次元手游就符合这类人群的需求；图中最右边代表了"二次元内容最轻，但可玩性最重"的定位，例如大部分手机游戏就符合这类定位。在商业分析中，通过定位的不同就可以了解到不同人群需求的差异，从而能帮助企业找到自身产品的切入点。

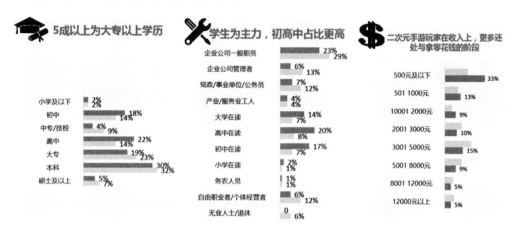

图12-5　二次元手游用户分析

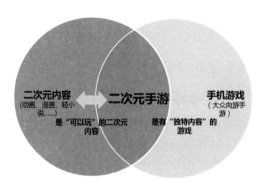

图12-6　二次元手游需求分析

以上内容是笔者结合二次元手游行业，对商业分析的分析方法做出的初步讲解，接下来将在商品的多渠道销售（如书籍的精装书渠道、平装书渠道和电子书渠道）案例中，结合具体的数据讲述商业分析在复杂场景下的应用。

12.3　多渠道商业分析项目背景介绍

由于书籍中包括的品类很多，我们选择了小说作为商业分析对象，这是因为小说是所有书籍类别中的主要组成部分："小说"既是印刷书籍的主要类别，也占据了电子书籍中较大的比例。

由于书籍的销售渠道多种多样，为了确保数据来源的可靠性，我们选取了大型书籍零售商——亚马逊平台来进行分析。亚马逊平台从 1994 年就开始经营书籍品类，如今已经积累了大量的销售数据，并且其拥有自己的电子书渠道，所以在书籍多渠道分析上更有参考意义。

接下来笔者将结合亚马逊平台的具体业务信息做讲解，当消费者在亚马逊平台上搜索"kindle e-book"后，就可以得到如图 12-7 所示的界面。

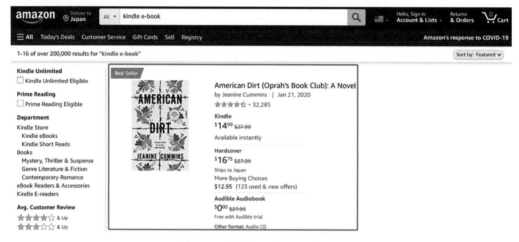

图12-7　小说电子书的搜索界面

在图 12-7 中展示的界面就是一本小说，该小说的电子书价格为 14.99 美元，精装书价格为 16.75 美元。如果消费者点击了一本书的链接，页面就会跳转到商品详情页，如图 12-8 所示。

图12-8　商品详情界面（带有实体书和电子书两种销售渠道）及相关信息

在图 12-8 中展示的是一本小说商品详情页，其中展示了其电子书（Kindle）的价格为 20.02 美元，精装书（Hardcover）的价格为 17.79 美元，平装书（Paperback）的价格为 27.49 美元。

在商品详情页，如果消费者向页面下方浏览，可以看到商品细节（Product details）信息。

如图12-9所示，图中"ASIN"代表了唯一的商品标识代码，"Publication date"代表了书的出版日期，"Best Sellers Rank"代表了这本书在不同品类下的销售排名，其中排名数字越小，书的销量越大，"Customer Reviews"代表了消费者对于这本书的用户评价，其中有两个指标包括评价数量和评分等级。

图12-9　细节信息中包含的ASIN信息、出版（上架）时间信息、排名信息、review信息

关于review即评价信息，消费者可以进入相关页面进行查看，如图12-10所示。

图12-10　商品详情页中的review信息（包括review生成时间和评分）

在图12-10中展现了在商品详情页中的review具体信息，其中包括review文本、review评分、review生成时间、review评价人昵称等要素。

除了亚马逊平台页面所包含的数据，在本项目中还收集了很多来自第三方数据平台的数据，例如历史排名数据和价格波动数据就必须通过第三方数据平台进行获取。

如图12-11所示，图中展现了一款名为"Helium 10"的第三方工具所能展示的历史销售排名数据和历史价格数据，图中横轴为时间，左边的纵轴为价格，右边的纵轴为排名，线条展示了排名的波动和价格的波动。

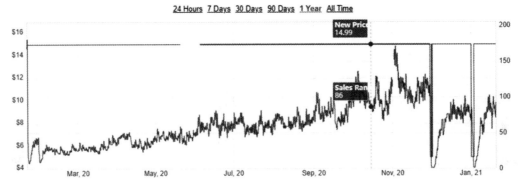

图12-11　第三方插件Helium 10展现的排名和价格波动信息

在下文中的项目实操中，我们所讲解的数据都来源于上文提及的业务背景，读者可以根据自身理解程度自行比较查阅。

12.4　相关数据介绍

注意：本小节所讲解的图表示例对应"kindledata"中的数据，请读者根据自身学习需要自行下载查看。

解压缩并打开名为"kindledata"的文件包后，点击名为"kindledata"的文件夹，再点击名为"finaldata6type"的文件夹，可以看到其中包含六个文件夹，这六个文件夹代表了六种不同渠道发售顺序的小说数据。六个文件夹名称中的"H"表示英文中的"hardcover"即精装书的意思，"P"表示英文中的"paperback"即平装书的意思，"K"表示英文中的"kindle"即电子书的意思，而三个大写字母的顺序就是三种渠道的发售顺序，例如"H-K-P"表示的就是精装书（H）最先发售，然后是电子书（K）第二个发售，最后是平装书（P）第三个发售。

打开六个文件夹中的任意一个，都可以看到如图12-12所示的数据界面。

每个数据文件代表了一本小说的相关数据，其中文件的名称表示的是小说的ASIN编码，任意打开其中任何一个数据表，都可得到图12-13～图12-17的数据。

其中在图12-13中，"date"表示的是抓取数据的对应时间（本例所有小说数据的抓取都是从2017年1月1日开始的，所以第一行的数据为"2017-01-01 00:00:00"）；"kindleBSR"表示的是电子书的销售排名；"paperbookBSR"表示的是平装书的销售排名；"hardbookBSR"表示的是精装书的销售排名；"kindleNP"表示的是电子书的销售价格；"paperbookNP"表示的是平装书的销售价格；"hardbookNP"表示的是精装书的销售价格。

名称	修改日期	类型	大小
B0746719H6	2020/11/12 13:19	Microsoft Excel ...	35 KB
B0746668NY	2020/11/12 13:18	Microsoft Excel ...	33 KB
B0141646VW	2020/11/5 23:30	Microsoft Excel ...	40 KB
B078871BC2	2020/11/12 13:19	Microsoft Excel ...	40 KB
B075818VDG	2020/11/12 13:19	Microsoft Excel ...	38 KB
B074656PYS	2020/11/24 16:29	Microsoft Excel ...	36 KB
B071986FVN	2020/11/15 20:09	Microsoft Excel ...	35 KB
B071254CJZ	2020/11/15 19:54	Microsoft Excel ...	32 KB
B0034184YG	2020/11/1 20:39	Microsoft Excel ...	42 KB
B07941T4Z9	2020/11/12 13:19	Microsoft Excel ...	38 KB
B07937K4WY	2020/11/12 13:20	Microsoft Excel ...	32 KB
B07887X8TP	2020/11/12 13:18	Microsoft Excel ...	37 KB
B07638M8JL	2020/11/12 13:18	Microsoft Excel ...	37 KB
B07628Y4T1	2020/11/12 13:18	Microsoft Excel ...	37 KB
B07583XJRW	2020/11/12 13:19	Microsoft Excel ...	39 KB
B07481MPV2	2020/11/12 13:19	Microsoft Excel ...	41 KB
B07416NFHL	2020/11/15 3:45	Microsoft Excel ...	35 KB
B07252DN9C	2020/11/15 0:07	Microsoft Excel ...	39 KB

图 12-12　不同电子书（ASIN）对应的数据文件

date	kindleBSR	paperbookBSR	hardbookBSR	kindleNP	paperbookNP	hardbookNP
2017-01-01 00:00:00		11903	52251		4.49	3.9
2017-01-02 00:00:00		10923	52251		4.49	3.9
2017-01-03 00:00:00		13398	53600		4.49	3.9
2017-01-04 00:00:00		10355	53600		4.49	3.9
2017-01-05 00:00:00		11521	45667		4.49	5.5
2017-01-06 00:00:00		13546	34243		4.49	5.5
2017-01-07 00:00:00		17808	30407		4.49	5.5
2017-01-08 00:00:00		16571	65497		4.49	5.48
2017-01-09 00:00:00		12941	81874		4.49	5.48
2017-01-10 00:00:00		17058	69189		4.49	5.48

图 12-13　商品三个渠道的排名和价格

kindleNPStartTime	paperbookNPStartTime	hardbookNPStartTime	1.0	2.0	3.0	4.0	5.0
2017-11-27 19:31:05	2015-02-14 07:00:00	2011-08-16 02:20:32	25	30	84	406	1785
			25	30	84	406	1785
			25	30	84	407	1786
			25	30	84	407	1786
			25	30	84	408	1786
			25	30	84	408	1786
			25	30	84	408	1786
			25	30	85	408	1786
			25	30	85	408	1787

图 12-14　价格数据最早日期、不同评分 review 数量

在图 12-14 中，"kindleNPStartTime" 表示的是电子书价格数据产生的最早时间，也可以将其理解为该电子书的上架时间；"paperbookNPStartTime" 与 "hardbookNPStartTime" 分别表示的是平装书与精装书价格数据产生的最早时间，其对应的分别是两者的上架时间；"1.0""2.0""3.0""4.0""5.0"分别对应着这本小说在不同时间点 1 星评价、2 星评价、3 星评价、4 星评价、5 星评价的数量分别是多少。

在图 12-15 中 "review 总数" 代表了这本书在不同时间点评价的数量是多少；

"review评分"代表了这本书在不同时间点的综合评分是多少。

review总数	review评分
2330	4.6721
2330	4.6721
2332	4.67196
2332	4.67196
2332	4.67196
2333	4.67167
2333	4.67167
2333	4.67167
2334	4.67095
2335	4.67109

图12-15 review总数与review平均评分

KindleStarttime	PaperBookStarttime	HardbookStarttime
0	126	162
0	127	163
0	128	164
0	129	165
0	130	166
0	131	167
0	132	168
0	133	169
0	134	170
0	135	171

图12-16 电子书、平装书、精装书的发售天数

在图12-16中，"KindleStarttime"表示的是该小说的电子书上架时间，其单位为天；"PaperbookStarttime"与"Hardbook Starttime"分别代表了该小说的平装书和精装书的上架时间，其单位为天。

在图12-17中，"AP""PP""HP""PSUM"是之后要计算参考价格的重要衡量指标，关于参考价格的意义和计算标准将会在12.5节中进行介绍。"AP"指的是在当天所有抓取到的电子书价格的平均值，该值可以用来评估当天消费者对于

AP	PP	HP	PSUM
10.05932	0.06071	0	10.12003
10.05932	0.06024	0	10.11956
10.05932	0.05977	0	10.11909
10.05932	0.0593	0	10.11862
9.96413	0.05885	0	10.02298
9.96413	0.0584	0	10.02253
9.96413	0.05795	0	10.02208
9.84605	0.05752	0	9.90357
10.04429	0.05709	0	10.10138
10.04429	0.05667	0	10.10096

图12-17 电子书参考价格相关数据指标

电子书价格的认知水平；"PP"表示的是平装书对于其电子书参考价格的影响，其计算方式是该小说平装书的价格除以平装书的上架时间。例如一本小说平装书在某一天价格是10美元，且已经上架了100天，那么"PP"的值就是：10/100=0.1，依此类推；"HP"的计算方式与"PP"类似，即一本小说精装书的价格除以精装书的上架时间；"PSUM"为"AP""PP""HP"的数值之和。

12.5 多渠道商业分析的数据处理

在了解了的各个数据参数的意义后，我们就可以结合业务背景将这些数据进行分析和应用。

12.5.1 多渠道商业分析的数据背景及分析价值

任何商业分析在落地执行前，首先要判断的是该商业分析是否具有价值。以本小节要详细讲述的小说多渠道商业分析项目为例，该项目的目的是探究"书籍不同发售渠道的顺序是否会对小说销量带来影响"这一问题的答案，而在解答这一问题前，数据分析

师可以先使用描述性分析中的数据可视化方法，对整体小说发售时间数据做一个展现，如图12-18所示。

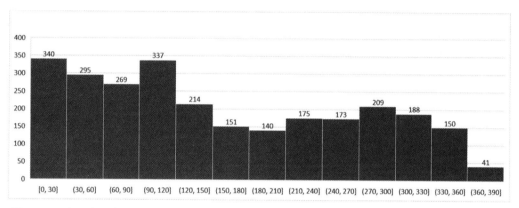

图12-18　电子书上架时间与平装书上架时间差异分布图（平装书比电子书先发售，发售时间差在一年以内）

在图12-18中横轴为电子书与平装书的发售时间差（例如 [0,30] 表示的是平装书比电子书先发售，发售时间差在0～30天内），纵轴表示符合不同时间差的小说数量，该图表展现了当平装书比电子书先发售，发售时间差在1年内的时候，电子书上架时间与平装书上架时间差异的分布柱状图。从图12-18中可以看到在数据集中，电子书比平装书晚发售1个月的情况是常见的，有340本小说符合这个情况。其次大部分小说的电子书都比平装书晚发售了半年以内，发售时间差超过半年的小说占少数，且随着发售时间差的增加，符合更高时间差的小说数量在整体上有下降的趋势。

我们还对发售时间差超过一年的小说发售数据做了可视化处理，如图12-19所示。

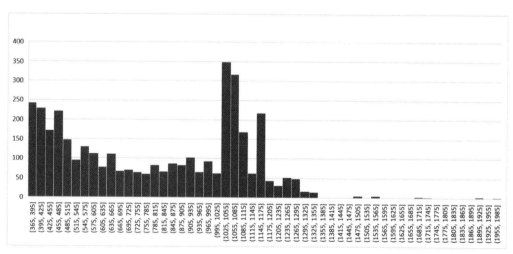

图12-19　电子书上架时间与平装书上架时间差异分布图（平装书比电子书先发售，发售时间差在一年以上）

在图12-19中横轴为电子书与平装书的发售时间差，例如 [365, 395] 表示的是平装书比电子书先发售，且发售时间差在365～395天，纵轴表示符合不同时间差的小说数量，该图表展现了当平装书比电子书先发售，且发售时间差在一年以上的时候，电子书上架时间与平装书上架时间差异的分布柱状图。从图12-19中可以看到在数据集中，随着发售时间差的增加，符合更长时间差的小说数量在逐步减少，但是当发售时间差属于 (1025, 1055] 与 (1055, 1085] 时，符合这两个时间差范围的小说数量暴增。考虑到电子书的发售时间是可以掌控的（少部分电子书的发售策略控制权在出版方，大部分情况下平台拥有对电子书渠道发售策略的掌控权），因此平台必然由于某些原因才将如此多的电子书，在其对应平装书发售近三年后才进行销售。

当发现平台使用了某种策略发售电子书，而不是单纯以随机的方式进行电子书销售后，分析不同渠道（平装书、精装书、电子书）发售顺序的不同对小说销量的影响就具有商业分析的价值。

12.5.2 多渠道商业分析的操作步骤

考虑到商业分析本身属于战略层面的分析与指导，所以在"业务应用"方面可以适当弱化，那么多渠道商业分析的逻辑步骤可以归纳为"数据采集→数据清理→数据分析"三步，其执行思路如下：

（1）用第三方工具/第三方平台获取历史价格和排名数据；

（2）获取历史review数据；

（3）清除数据集中的无效数据；

（4）使用线性回归分析模型中每个变量的参数大小和统计显著性，并找出哪些变量会影响商品销售；

（5）对回归结果的自序列相关性和异方差性进行检测，通过改进计算方法提升回归有效性。

上述步骤中，第一步与第二步为"数据采集"的工作，第三步为"数据清洗"的工作，第（4）步与第（5）步为"数据分析"的工作。由于本章节的重点为商业分析中的分析环节，所以在下文所参照的数据文件已经完成了"数据采集"和"数据清洗"的工作，读者可以直接使用数据进行分析。

12.5.3 多渠道商业分析的数据分析思路及操作

注意： 本小节所讲解的图表示例对应"K-H-P发售顺序下Python代码"中的代码及其执行结果，请读者根据自身学习需要自行下载查看。

第一步：多批量文件/数据读取。

考虑到商业分析涉及的数据量较大，数据表格较多，所以数据分析的第一步就是通过Python程序对文件及数据进行多批量处理，从而将分散的数据汇总成一个完整的数据对象，方便后期对其进行分析，其执行代码如图12-20所示。

```
# file_path=‘C:||Users||lenovo||Desktop||test’ # Data path
file_path=‘C:\\Users\\lenovo\\Desktop\\final data’ # Data path
file_list=os.listdir(file_path)
# print(file_list)

data_regression={‘kindleBSR’:[],‘lnkindleBSR’:[],‘kindleNP’:[],‘lnkindleNP’:[],‘dummy_hard-
book’:[],‘hardbookBSR’:[],‘hardbookNP’:[],‘dummy_paperbook’:[],‘paperbookBSR’:[],‘paperbook-
NP’:[],‘time’:[],‘lntime’:[],‘dummy-printedbook’:[],‘dummy_best_printedbook’: [],‘sub_printed_
lnprice’:[],‘constant’:[],‘Nreview’:[],‘lnNreview’:[],‘review’:[],‘lnreview’:[],‘high review
fraction’:[],‘ln_high review fraction’:[],‘ratio_review’:[],‘ln_ratio_review’:[]} #创建回归计算用的
字典1

for n in range(len(data_regression[‘kindleBSR’])):
     data_regression[‘time_lnprice’][n]=data_regression[‘time’][n]*data_regression[‘lnkindleNP’][n]
     data_regression[‘sub_paper_lnprice’][n]=data_regression[‘dummy_paperbook’][n]*data_regres-
sion[‘lnkindleNP’][n]
     data_regression[‘sub_hard_lnprice’][n]=data_regression[‘dummy_hardbook’][n]*data_regres-
sion[‘lnkindleNP’][n]
     data_regression[‘sub_printed_lnprice’][n]=data_regression[‘dummy_printedbook’][n]*data_re-
gression[‘lnkindleNP’][n]
df=pd.DataFrame(data_regression)
print(df)
```

图12-20 Python文件批量读取，Dictionary到DataFrame数据转换代码

第二步：将读取的数据在Python中转变成适合分析的形式（数组形式）。

当完成数据的读取之后，接下来要做的就是将读取的数据转变成方便分析的格式，在本次分析中使用的是DataFrame格式，转变结果如图12-21所示。

```
       kindleBSR  lnkindleBSR  kindleNP  lnkindleNP  dummy_hardbook  \
0        32351.0    10.384400      7.99    2.078191               1
1        48335.0    10.785911      7.99    2.078191               1
2        47889.0    10.776641      7.99    2.078191               1
3        51815.0    10.855435      7.99    2.078191               1
4        67766.0    11.123816      7.99    2.078191               1
...          ...          ...       ...         ...             ...
89558    86925.0    11.372801      6.99    1.944481               1
89559   104203.0    11.554096      6.99    1.944481               1
89560   189827.0    12.153868      6.99    1.944481               1
89561    74214.0    11.214708      6.99    1.944481               1
89562   116240.0    11.663412      6.99    1.944481               1

       hardbookBSR hardbookNP  dummy_paperbook paperbookBSR paperbookNP  ...
0           830557       9.55                0          NaN         NaN  ...
1           830557       9.55                0          NaN         NaN  ...
2           830557       9.55                0          NaN         NaN  ...
3           830557       9.55                0          NaN         NaN  ...
4           674024       12.2                0          NaN         NaN  ...
...            ...        ...              ...          ...         ...  ...
89558       961470      56.16                1       358955       15.74  ...
89559       984776      56.16                1       523946        15.7  ...
89560  1.00836e+06      56.16                1       692785        15.7  ...
89561   1.0313e+06      56.16                1       792775        15.7  ...
89562  1.04744e+06      56.16                1       966609        15.7  ...

        review  lnreview  high review fraction  ln_high review fraction
0      3.79899  1.334735              0.675879                -0.391741
1      3.79899  1.334735              0.675879                -0.391741
2      3.79899  1.334735              0.675879                -0.391741
3      3.79899  1.334735              0.675879                -0.391741
4      3.79899  1.334735              0.675879                -0.391741
...        ...       ...                   ...                      ...
89558  0.00000  0.000000                   NaN                 0.000000
89559  0.00000  0.000000                   NaN                 0.000000
89560  0.00000  0.000000                   NaN                 0.000000
89561  0.00000  0.000000                   NaN                 0.000000
89562  0.00000  0.000000                   NaN                 0.000000

       ratio_review  ln_ratio_review        RP       DPR      lnRP     lnDPR
0               1.0              NaN   9.78868   1.79868  2.281227  0.587053
1               1.0              NaN   9.79872   1.80872  2.282252  0.592619
2               1.0              NaN   9.79563   1.80563  2.281936  0.590910
3               1.0              NaN   9.80070   1.81070  2.282454  0.593714
4               1.0              NaN   9.79800   1.80800  2.282178  0.592221
...             ...              ...       ...       ...       ...       ...
89558           NaN              NaN  25.04288  18.05288  3.220590  2.893305
89559           NaN              NaN  17.15680  10.16680  2.842395  2.319128
89560           NaN              NaN  14.54334   7.55334  2.677133  2.021990
89561           NaN              NaN  13.21942   6.22942  2.581687  1.829283
89562           NaN              NaN  12.44013   5.45013  2.520928  1.695639
```

图12-21 Python中的DataFrame数组

第三步：数学建模，确立因变量与自变量的数学形式（包括参考价格相关模型）

在进行数据分析前，首先要结合分析的目的建立对应的数学模型。由于本次商业分析的目的是探究不同小说书籍发售渠道对于电子书销量的影响，所以因变量是电子书的销售排名，自变量则是与小说多渠道相关的各个要素，其因变量与自变量的信息汇总表格如图12-22所示。

种类	变量	描述
因变量	*RANK_i*	电子书i的销售排名
自变量	*PRICE_i*	电子书i的价格
	TIME_i	电子书i发售后经过的时间（天）
	SUB_i	电子书i是否存在对应实体书（0-1变量）
	REVIEW_i	电子书i的review评分
	NREVIEW_i	电子书i的review数量
	SUB_BEST_i	电子书i对应的实体书排名是否属于全部书籍排名中的前50%

图12-22　因变量与自变量的信息汇总图表

结合图12-22所展示的自变量与因变量，建立如下数学模型：

$\ln RANK = \alpha + \beta_1 \times \ln PRICE + \beta_2 \times TIME \ln PRICE + \beta_3 \times SUB \ln PRICE + \beta_4 \times \ln SUB + \beta_5 \times \ln REVIEW + \beta_6 \times \ln NREVIEW + \beta_7 \times SUB\_BEST + \varepsilon$

在上述数学模型中，因变量为电子书销售排名的ln取值，进行对数转化的目的在于将排名数据转变成与销售量有关的数据，在本书"数据分析基本概念及数学基础"章节中在介绍"长尾分布"时就曾提及"采用了对数函数的销售数据与采用了对数函数的排名数据之间的关系接近线性"，所以对排名数据进行对数变换有利于回归分析。考虑到因变量已经取了ln值，所以为了使等式两边平衡，上述数学模型中的自变量也都采取了对数形式。

然后设置电子书的参考价格计算公式如下：

$$RP_{it} = AP_{it} + \frac{H\_BP_{it}}{H\_t} + \frac{P\_BP_{it}}{P\_t}$$

上式中各字母包括如下含义：

RP：参考价格；

AP：第*t*天所有电子书的平均价格；

H_BP：与小说电子书*i*对应的精装书价格；

P_BP：与小说电子书*i*对应的平装书的价格；

H_t：与小说电子书*i*对应的精装书发行时间；

P_t：与小说电子书*i*对应的平装书的发行时间。

所谓的参考价格，指的就是消费者在准备购买电子书时，其购买决策可能会因为电子书对应实体书的价格而产生影响，例如一本《哈利·波特》的小说电子书与实体书（精装书与平装书）一同发售，其中假设精装书的售价为30美元，平装书的售价为20美元，那么这时即使该书的电子书售价高于市场平均价（一般而言，大部分书籍的电子书价格不会超过10美元），消费者也会因为《哈利·波特》小说本身实体书的高定价而减少购买电子书的负面影响。

与此同时，实体书对电子书参考价格的影响一定是存在时间限制的，这是因为一方面随着实体书发售时间的增加，电商平台和线下零售商会开始出现二手书的销售，这会逐步降低新书实体书对电子书参考价格的影响；另一方面，消费者对于书籍是同时存在内容偏好和形式偏好的，内容偏好的意思是对于特定内容可能愿意出更高的价格去购买。

例如很多畅销书作者的书刚刚发售时会存在消费者抢购一空的情况，但是随着时间的推移，内容偏好的消费者会逐渐减少（因为对该内容非常感兴趣的消费者会在初期就进行消费），剩下的越来越多消费者为形式偏好消费者，所谓的形式偏好，指的就是部分消费者偏好电子阅读形式而非实体书阅读形式，那么对于这部分消费者而言，已经长时间发售的实体书价格几乎不会影响他们的购买决策，而只有市场上的电子书平均价格才会对购买产生影响，所以在参考价格的计算公式中，如果实体书（精装书与平装书）的发售时间足够长，那么参考价格会受到市场上电子书平均价格的影响。

第四步：对数组形式的数据使用Python进行多元线性回归分析。

在理解了上文中提及的数学模型和具体公式后，就可以使用Python对转换成数组形式的数据进行多元线性回归，其回归的代码和执行结果如图12-23所示。

```
                            OLS Regression Results
==============================================================================
Dep. Variable:            lnkindleBSR   R-squared:                       0.299
Model:                            OLS   Adj. R-squared:                  0.299
Method:                 Least Squares   F-statistic:                 2.601e+04
Date:                Tue, 29 Dec 2020   Prob (F-statistic):               0.00
Time:                        22:48:17   Log-Likelihood:            -6.0002e+05
No. Observations:              304432   AIC:                         1.200e+06
Df Residuals:                  304426   BIC:                         1.200e+06
Df Model:                           5
Covariance Type:            nonrobust
=========================================================================================
                            coef    std err          t      P>|t|      [0.025      0.975]
-----------------------------------------------------------------------------------------
constant                 11.6841      0.024    481.236      0.000      11.636      11.732
lnkindleNP               -0.2247      0.016    -13.621      0.000      -0.257      -0.192
time_lnprice              0.0001    1.1e-05      9.346      0.000    8.11e-05       0.000
sub_printed_lnprice       0.4102      0.017     23.602      0.000       0.376       0.444
dummy_printedbook        -1.1947      0.027    -43.808      0.000      -1.248      -1.141
dummy_best_printedbook   -2.9741      0.009   -344.047      0.000      -2.991      -2.957
==============================================================================
Omnibus:                34090.022   Durbin-Watson:                   0.095
Prob(Omnibus):              0.000   Jarque-Bera (JB):            51257.953
Skew:                      -0.835   Prob(JB):                         0.00
Kurtosis:                   4.120   Cond. No.                     9.28e+03
==============================================================================
```

Python中的OLS回归结果

```python
import statsmodels.api as sm
print(df.head())

print('针对printed book的回归')
results = sm.OLS(df['lnkindleBSR'], df[['constant','lnkindleNP','time_lnprice',
print(results.summary())
print('///////////////////////////////////////////////////')

print('针对printed book的回归')
results = sm.OLS(df['lnkindleBSR'], df[['constant','lnkindleNP','time_lnprice',
print(results.summary())
print('///////////////////////////////////////////////////')
```

Python中进行OLS回归的代码

图12-23　多元线性回归的Python代码和回归结果

如图12-23所示，Adj. R-squared的数值为0.299，其含义为有大约29.9%因变量的变化可以由自变量解释，但是上述回归结果并不一定具有比较强的有效性，在商业分析中还需要对回归的质量进行评估，我们将在下一节对评估的方法进行阐述。

第五步：评估回归质量与有效性，检查序列相关性问题与异方差性问题。

1．序列相关性问题的排查与解决方式

在有效的回归分析中，随机干扰项即应该是互相完全独立的，这意味着当随机干扰项 ε 存在某种相关性时，回归就不一定有效，结果也不一定具备参考性。因此在回归分析中，当回归模型的随机误差项 ε 之间存在相关关系时，就可以认为该回归分析存在

（自）序列相关性问题，其中不存在（自）序列相关性问题的残差值和存在（自）序列相关性问题的残差值折线可视化图表如图12-24所示。

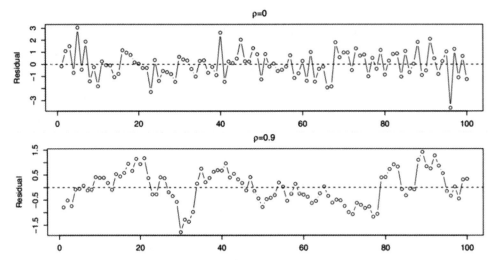

图12-24　具有不同序列相关性的模拟时间序列数据集残差图（上图为无序列相关性问题的图例，下图为存在序列相关性问题的图例）

如图12-24所示，图中靠上的图例显示的是没有（自）序列相关性问题的残差折线图，即随机误差项之间的相关性$\rho=0$，从图中可以看到无论自变量如何变化，每一个残差之间都没有明显的数值或者符号上的数学相关性；图中靠下的图例显示的是存在（自）序列相关性问题的残差折线图，即随机误差项之间的相关性$\rho=0.9$，从图中可以看到随着自变量的变化，残差与残差之间存在肉眼可见的规律性和相关性（无论是数值层面还是符号层面）。

序列相关性问题的产生原因多种多样，有可能是因为经济的滞后效应，即在时间序列数据集中，某一变量对另一变量的影响不仅存在于当期，还可能会延续若干期；有可能是因为模型设定有误，即在模型中可能某些重要的解释变量或者模型函数不正确，从而系统误差，而这些误差会存在于随机误差项中导致了自相关问题；有可能是因为数据处理问题，即在数据处理的过程中产生了错误，导致最终分析的数据序列产生自相关性问题。

在自相关性问题的评估方法中，直接观察回归结果中的Durbin-Watson数值是一种比较方便的方法，在第四步得到的回归结果中，结果图表中的Durbin-Watson数值为0.095，这个数值接近于0。一般而言，DW（Durbin-Watson）检验的数值接近0或者4时，说明回归模型存在自相关性问题，而当DW（Durbin-Watson）检验的数值接近2时，回归模型一般不存在自相关性问题。

当发现回归模型存在自相关性问题后，可以使用差分法对原始数据进行变换，从而使自相关性消除，接下来将以一阶差分法为例结合本章节数据进行讲解，公式如下：

$$\Delta y = y_t - y_t - 1$$

$$\Delta x = x_t - x_t - 1$$

$$\Downarrow$$

$$\Delta y = \beta_1 \Delta x$$

如图 12-25 所示，当使用差分法后，原本的常数项就不再存在了，与此同时随机干扰项之间的相关性也会在差分之后予以缓和。

如下两个数学模型是在使用了差分后再进行回归分析的新模型：

使用差分法后的数学模型 1：

$\Delta \ln RANK = \beta_1 \times \Delta \ln PRICE + \beta_2 \times \Delta(TIME \times \ln PRICE) + \beta_3 \times \Delta \ln REVIEW + \beta_4 \times \Delta \ln REVIEW + \beta_5 \times \Delta SUB\_BEST + \varepsilon$

使用差分法后的数学模型 2：

$\Delta \ln RANK = \beta_1 \times \Delta \ln PRICE + \beta_2 \times \Delta \ln RP + \beta_3 \times \Delta \ln DPR + \beta_4 \times \Delta \ln REVIEW + \beta_5 \times \Delta \ln NREVIEW + \varepsilon$

对上述两个模型再次使用 Python 回归分析后，可以发现 Durbin-Watson 的数值由原来的 0.095 变成了 2.451（一般 DW 数值在 1.5～2.5 之间就说明该回归模型的自相关性问题不算严重），原本回归模型存在的相关性问题被解决了，其结果的转变如图 12-25 所示。

Omnibus:	34090.022	Durbin-Watson:	0.095
Prob(Omnibus):	0.000	Jarque-Bera (JB):	51257.953
Skew:	-0.835	Prob(JB):	0.00
Kurtosis:	4.120	Cond. No.	9.28e+03

$$\Downarrow$$

Omnibus:	285585.788	Durbin-Watson:	2.451
Prob(Omnibus):	0.000	Jarque-Bera (JB):	25560840.863
Skew:	-2.254	Prob(JB):	0.00
Kurtosis:	39.754	Cond. No.	1.85e+03

图 12-25　在使用了差分法后再次进行回归分析，Durbin-Watson 数值有所改变

2. 异方差性问题的排查与解决方式

在解决了自相关性问题后，还需要考虑回归模型是否存在异方差性问题。

异方差性是相对于同方差而言的。在经典线性回归模型中，存在一个重要前提：总体回归函数中的随机误差项需要满足同方差性，即它们都有相同的方差。如果这一假定不满足，即随机误差项具有不同的方差，则称线性回归模型存在异方差性。

接下来笔者将以"受教育年限"与"工资"之间关系为例，结合不同"受教育年限"对应的"工资"的概率分布，对同方差性与异方差性之前的差异进行讲解，如图12-26所示。

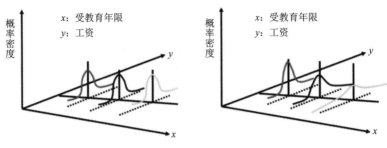

图12-26　同方差性与异方差性的比较

如图12-26所示，左图为具备同方差性的回归模型，从图中可以看到无论自变量X即"受教育年限"如何变化，因变量Y"工资"的取值都具有类似的概率分布，即符合"中间高两边低"的概率密度函数；右图为具备异方差性的回归模型，从图中可以看到无论自变量X即"受教育年限"如何变化，因变量Y"工资"的取值并具有类似的概率分布，即有时候概率密度函数是"中间高两边低"，有时候概率密度函数是"中间与两边都很低"。在现实世界中，"受教育年限"与"工资"如果进行线性回归，很大概率会因为模型数据本身存在异方差性而导致回归结果无效，这是因为随着"受教育年限"的增加，一个人"工资"的上下限会被拉大的同时，其"工资"具体取值的概率密度也会发生改变。

例如，一个人如果读完了大学/研究生，那么这个人的工作选择范围就非常广，有可能这个人因为专业匹配、能力优秀进了一些新兴行业起始薪资就非常高，也有可能这个人选择非新兴行业薪酬一般，这时收入的上下限进一步拉大，而且收入的集中度也会有所降低（因为大学/研究生不同专业毕业生就业会有不同，且不同行业的收入待遇水平也完全不同）。

当回归模型存在异方差性时，不同自变量对应的残差的分布也会有所变化，如图12-27所示。

如图12-27所示，左图为异方差的残差模拟图，从图中可以发现随着自变量的变化，残差的分布和取值范围都在发生着剧烈的波动，虽然残差本身的均值都是"0"（曲线标注），但是残差的方差在不断变大；右图为同方差的残差模拟图，从图中可以发现随着自变量的变化，残差的分布和取值范围整体没有发生改变，这说明残差的方差没有出现波动。

在具体检测异方差性是否存在方面，商业分析师可以使用White检验，其检验方式是通过一个辅助回归式构造x^2统计量进行异方差检验。

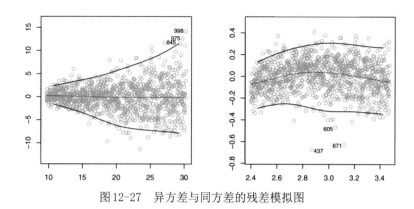

图 12-27　异方差与同方差的残差模拟图

在具体执行中，首先将原本回归式中的残差的平台作为因变量，而将原模型中的自变量作为辅助回归式的自变量，再次进行回归。得到回归结果后，观察新回归结果的 R^2 值和样本量数值，计算 R^2 值和样本量数值的乘积，再与对应的 x^2 统计量进行比较，如果乘积小于 x^2 统计量，则原模型不存在异方差问题，如果乘积大于 x^2 统计量，则原模型存在异方差性问题。

当对电子书多渠道数据结合数学模型做回归后，可以得到如图 12-28 所示的结果：

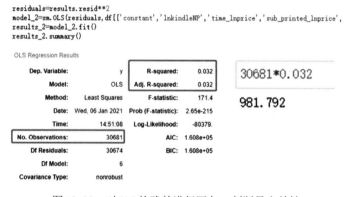

图 12-28　对 OLS 的残差进行回归，判断异方差性

如图 12-28 所示，R^2 值和样本量数值的乘积为 981.792，其远大于对应的 x^2 统计量，所以原来的回归模型存在异方差问题。

针对异方差问题，可以使用加权线性回归来尝试解决。加权最小二乘法（WLS）是对原模型进行加权，使之成为一个新的不存在异方差性的模型，然后采用普通最小二乘法估计其参数的一种数学优化技术。原本多元线性回归方程普通最小二乘法的残差平方和为 $Q(\beta_0, \beta_1 \ldots, \beta_p) = \sum_{i=1}^{n} (y_i - \beta_0 - \beta_1 x_{i1} - \cdots - \beta_p x_{ip})^2$，其目的是寻找参数的估计值从而使残差平方和最小。加权最小二乘估计的方法就是在残差平方和中加入一个适当的权重 w_i，从而

207

调整各项在平方和中的作用，加权最小二乘法的残差平方和公式为 $Q_w=(\beta_0,\beta_1\ldots,\beta_p)=\sum\limits_{i=1}^{n}$ $w_i(y_i-\beta_0-\beta_1 x_{i1}-\cdots-\beta_p x_{ip})^2$，其目的也是寻找到合适的参数从而使 Q_w 的数值达到最小值。考虑到本书的定位是业务应用，所以关于加权线性回归的理论知识并不是本小节的重心，有兴趣的读者可以自行查阅相关资料，可以前往作者的知乎专栏"数据科学与统计分析"阅读有关学术内容。

加权线性回归的具体加权权重是可以自定义的，在针对多渠道销售数据的分析中，作者使用了残差绝对值的倒数作为加权的权重进行回归，其代码如图12-29所示。

```
from sklearn.linear_model import LinearRegression

LR=LinearRegression()

LR.fit(df2[['sanjiao_lnkindleNP','sanjiao_lnNreview','sanjiao_lnreview','sanjiao_time_lnprice',

Resid=(df2['sanjiao_lnkindleBSR'].values-LR.predict(df2[['sanjiao_lnkindleNP','sanjiao_lnNrevie

import numpy as np

Resid=np.abs(Resid)

Resid=1/Resid

results=LR.fit(df2[['sanjiao_lnkindleNP','sanjiao_lnNreview','sanjiao_lnreview','sanjiao_time_l
print(LR.coef_,LR.intercept_)


wls_model = sm.WLS(df2['sanjiao_lnkindleBSR'], df2[['constant','sanjiao_lnkindleNP','sanjiao_ln
results = wls_model.fit()
print(results.summary())
```

图12-29 使用Python中WLS方法进行回归的代码

当对图12-29的代码进行执行后，就可以得到如图12-30所示的WLS回归结果。

```
                              WLS Regression Results
==============================================================================
Dep. Variable:     sanjiao_lnkindleBSR   R-squared:                       0.050
Model:                             WLS   Adj. R-squared:                  0.050
Method:                  Least Squares   F-statistic:                     827.7
Date:                 Wed, 20 Jan 2021   Prob (F-statistic):               0.00
Time:                         20:59:27   Log-Likelihood:                 27890.
No. Observations:                78362   AIC:                         -5.577e+04
Df Residuals:                    78356   BIC:                         -5.571e+04
Df Model:                            5
Covariance Type:             nonrobust
==============================================================================
                                 coef    std err          t      P>|t|      [0.025      0.975]
------------------------------------------------------------------------------
constant                       0.0016      0.000      8.365      0.000       0.001       0.002
sanjiao_lnkindleNP            -0.1304      0.017     -7.788      0.000      -0.163      -0.098
sanjiao_lnNreview             -0.3299      0.008    -40.137      0.000      -0.346      -0.314
sanjiao_lnreview               0.1784      0.017     10.685      0.000       0.146       0.211
sanjiao_time_lnprice           0.0003   2.45e-05     10.266      0.000       0.000       0.000
sanjiao_dummy_best_printedbook -0.0897      0.002    -49.539      0.000      -0.093      -0.086
==============================================================================
Omnibus:                      2169.107   Durbin-Watson:                   2.441
Prob(Omnibus):                   0.000   Jarque-Bera (JB):             2340.898
Skew:                           -0.419   Prob(JB):                         0.00
Kurtosis:                        2.884   Cond. No.                         986.
==============================================================================
```

图12-30 WLS回归的结果

考虑到电子书多渠道商业分析的渠道发售顺序一共分为六种情况，所以需要使用 "kindledata" 中 "H-K-P" "H-P-K" "K-H-P" "K-P-H" "P-H-K" "P-K-H" 六个文件中的小说数据，依照上述步骤执行六遍，并对两个数学模型（不带参考价格的数学模型 + 带参考价格的数学模型）分别进行回归，最终可以得到 12 个回归结果，下一小节将汇总完整的回归结果，并结合结果数据讲述不同要素对电子书销量的影响。

12.6　不同渠道对销量影响程度的判断

针对使用差分法后的数学模型 1，即 $\Delta \ln RANK = \beta_1 \times \Delta \ln PRICE + \beta_2 \times \Delta(TIME \times \ln PRICE) + \beta_3 \times \Delta \ln REVIEW + \beta_4 \times \Delta \ln NREVIEW + \beta_5 \times \Delta SUB\_BEST + \varepsilon$，六种不同发售顺序的 WSL 回归结果如图 12-31 所示。

	kindle→paperback→hardcover		paperback→hardcover→kindle		paperback→kindle→hardcover	
	Coefficient	SE	Coefficient	SE	Coefficient	SE
ln*PRICE*	0.326***	0.032	0.474***	0.037	0.438***	0.021
ln*NREVIEW*	-0.527***	0.015	-0.907***	0.018	-0.516***	0.013
ln*REVIEW*	0.426***	0.048	-2.453***	0.392	0.077	0.057
TIME*ln*PRICE*	-0.0003***	0.000	0.0002***	0.000	-0.0003***	0.000
SUB_BEST	-0.123***	0.009	-0.066***	0.005	-0.084***	0.003
	Adjusted R^2 =0.116		Adjusted R^2 =0.129		Adjusted R^2 =0.102	

	kindle→hardcover→paperback		hardcover→paperback→kindle		hardcover→kindle→paperback	
	Coefficient	SE	Coefficient	SE	Coefficient	SE
ln*PRICE*	-0.299***	0.029	0.301***	0.009	-0.130**	0.017
ln*NREVIEW*	-0.584***	0.009	-0.671***	0.009	-0.330***	0.008
ln*REVIEW*	0.377***	0.012	0.502***	0.056	0.178***	0.017
TIME*ln*PRICE*	0.0006***	0.000	0.0002***	0.000	0.0003***	0.000
SUB_BEST	-0.175***	0.006	-0.051***	0.002	-0.090***	0.002
	Adjusted R^2 =0.205		Adjusted R^2 =0.165		Adjusted R^2 =0.050	

图 12-31　在模型 1 中六种渠道发售策略下不同因素对电子书销量的影响

如图 12-31 所示，ln *PRICE* 的系数在大部分情况下为正数，这意味着电子书价格与销售排名有正相关性，即价格越高排名越大销量越小，此结论与大部分人对于销量与价格关系的认知一致。只有两种发售策略下 ln *PRICE* 的系数是负数，即 "kindle→hardcover→paperback" 和 "hardcover→kindle→paperback" 两种情况，这时电子书价格和销售排名居然呈现负相关性，即价格越高，排名越低，销量越高，但是如果仔细观察这两种情况就会发现其特别之处。

一般而言，小说实体书优先发售的渠道不会是精装书（hardcover），这是因为精装书的价格更贵受众更小，选择平装书（paperback）会是更稳妥的选择。但是如果出版方或者平台将精装书作为实体书优先发售的渠道，这意味着出版方或者平台对于该小说书籍的内容质量非常自信，而这类发售策略在《哈利·波特》等超级热门 IP 上更为常见，所以会产生价格与排名呈现负相关性的情况。

考虑到本次商业分析处理的小说书籍时间范围有限，因此笔者认为当时间范围拉长到一定程度时，价格与排名的关系最终都会呈现出正相关性，即价格越高，排名越大，销量越小。

ln *NREVIEW* 与 ln *REVIEW* 的系数在六种渠道发售策略下都是一样的符号，前者为负值后者为正值，这意味着电子书评价的数量与排名有负相关性（评价数量越多，排名越小，销量越高），评分与排名有正相关性（评分越高，排名越大，销量越小）。

对于评价数量与排名的关系符合预期，但是对于评分与排名的关系似乎并不符合常理，但是结合业务就可以对此关系做出解释：一般很高评分的电子书都是新书，而较高的评分很可能只是因为书籍发售初期产生了1~2个好评导致的，而热销电子书的评分一般在3.5~4之间，因此一本电子书的review评分很高并不一定与其销量有绝对的正相关性，有时候销量很少的电子书反而更容易出现5分的满分评分。

TIME×ln *PRICE* 的系数有正有负，其含义为电子书的价格弹性（价格弹性越大，销售量随价格波动的变化就越大，价格弹性越小，销售量随价格波动的变化就越小）随时间的变化。通过观察 ln *PRICE* 与 TIME×ln *PRICE* 的符号可以发现有时候价格弹性随着时间的增加而变大（ln *PRICE* 与 TIME×ln *PRICE* 的符号相同），有时候价格弹性随时间的增加而减少（ln *PRICE* 与 TIME×ln *PRICE* 的符号不同），因此价格弹性随时间的推移并没有确定的变化方向。

SUB_BEST 的系数都是负数，考虑到SUB_BEST是一个定性变量，即"电子书对应的实体书销售排名是否属于全部书籍的前50%"，所以可以确认当一本电子书对应的实体书销售排名属于前50%时，这对于电子书的销售有积极影响。

针对使用差分法后的数学模型2，即 $\Delta \ln RANK=\beta_1 \times \Delta \ln PRICE+\beta_2 \times \Delta \ln RP+\beta_3 \times \Delta \ln DPR+\beta_4 \times \Delta \ln REVIEW+\beta_5 \times \Delta \ln NREVIEW+\varepsilon$，六种不同发售顺序的WLS回归结果如图12-32所示。

	kindle→paperback→hardcover		paperback→hardcover→kindle		paperback→kindle→hardcover	
	Coefficient	SE	Coefficient	SE	Coefficient	SE
ln*PRICE*	0.221***	0.020	0.518***	0.029	0.339***	0.014
ln*RP*	-0.147***	0.022	-0.460***	0.056	-0.085***	0.013
ln*DPR*	0.034***	0.006	-0.004	0.003	0.025***	0.003
ln*REVIEW*	0.502***	0.025	-1.989***	0.343	0.109*	0.055
ln*NREVIEW*	-0.568***	0.017	-0.901***	0.020	-0.569***	0.055
	Adjusted R^2=0.162		Adjusted R^2=0.103		Adjusted R^2=0.061	
	kindle→hardcover→paperback		hardcover→paperback→kindle		hardcover→kindle→paperback	
	Coefficient	SE	Coefficient	SE	Coefficient	SE
ln*PRICE*	-0.132***	0.017	0.391***	0.012	-0.027	0.017
ln*RP*	-0.123***	0.023	-4.046***	0.118	-0.178***	0.008
ln*DPR*	0.001	0.003	0.023***	0.002	-0.030***	0.002
ln*REVIEW*	0.307***	0.023	0.226***	0.083	0.148***	0.016
ln*NREVIEW*	-0.513***	0.006	-0.657***	0.008	-0.292***	0.005
	Adjusted R^2=0.239		Adjusted R^2=0.131		Adjusted R^2=0.049	

图12-32　六种渠道发售策略下"参考价格"要素对电子书销量的影响

如图12-32所示，ln *PRICE* 系数的符号在"kindle→hardcover→paperback"与"hardcover→kindle→paperback"两种发售策略下为负数，其他四种情况下为正数，

因此结论与模型1回归的结论一致。

lnRP 的系数都为负数，这意味着电子书销售排名与其参考价格有负相关，即参考价格越高，排名越低，销量越好。一本书的参考价格取决于市场上所有电子书的平均价格、电子书对应实体书（精装书＋平装书）的价格、实体书的上架时间等，这说明当消费者对于书籍的参考价格（内心预期价格）越高，越有利于电子书的销售。

以上结论符合大部分人的书籍消费习惯，例如，当一个人已经对一本书有参考价格时，考虑到无论是电子书还是实体书在书籍内容上是完全一致的，所有当参考价格较高时，消费者购买电子书的概率会有所增加。

lnDPR（DPR 含义为电子书的价格与参考价格之间的相差值）的系数有时候是正数，有时候是负数，这表明电子书的价格与参考价格之间的相差值与电子书的销售排名之间没有明确的关联性。

ln $REVIEW$ 与 ln $NREVIEW$ 相关的结论与模型1的回归结论类似，前者与书籍的销售排名之间没有明确的关联性，后者则与销售排名之间有着明确的负相关性，即review评论的数量越多，电子书的销售排名数值越小，电子书的销量越大。

12.7　多渠道商业分析在销售管理上的应用

在12.6节中笔者已经结合回归结果讲述了不同变量对于电子书销量的影响，在理解了各个要素与小说电子书销售排名（销量）的关系后，业务方可以采用如下书籍发售策略和价格策略：

（1）由于消费者对小说电子书的价格弹性可能会随着时间的推移而降低（虽然在部分回归结果中价格弹性会随着时间的推移而增加，但是大部分情况价格弹性会随着时间的推移而降低），因此小说电子书零售商可以缓慢提高价格并获得更多利润。

（2）当与小说电子书相对应的精装书或平装书刚刚发行时，小说电子书零售商可以利用消费者参考价格的变化来增加小说电子书的利润。

（3）当小说电子书和小说精装书为最早发售的两个渠道时，这说明该小说具有较高的内容质量，因此小说电子书零售商可以逐步提高电子书的价格。

第13章
数据分析在市场调研的应用——
商品画像分析

13.1 什么是商品画像体系

商品画像可以简单地理解成是海量数据的标签，根据商品不同属性的差异，将它们区分为不同的类型，然后每种类型中抽取出典型特征，赋予名称、价格、类别等描述。

商品画像在市场调研的多个业务模块中都有重要的应用价值，例如，当数据分析师想要了解一个品类的市场概况时，就可以使用商品画像分析该类目的价格分布、评价分布、销量分布等；当数据分析师想要优化自身产品时，也可以使用商品画像分析各个竞品在其不同生命周期使用的价格策略和运营策略，从而提升自身产品竞争力。

在本章节将会围绕亚马逊电商平台介绍商品画像的搭建步骤与应用方法，在涉及一些进阶的数据分析思路时，会结合具体分析工具及数学原理进行讲解。

13.2 商品画像体系的数据来源

13.2.1 平台数据来源

在亚马逊平台前台界面中，几乎已经可以获得商品画像体系搭建的全部数据，以亚马逊平台美国站"Clothing, Shoes & Jewelry"品类"dress"搜索关键词"Sort by：Featured"曝光结果为例（如图13-1所示），将讲解在该搜索界面下可以获取哪些商品数据。

图13-1　搜索"dress"关键词

1. 搜索曝光页数据

"搜索曝光页"指的是消费者在亚马逊平台通过搜索关键词后看到的前端页面，如图13-2所示。

图13-2　搜索曝光页

需要注意的是，在获取亚马逊平台前台数据时，需要在输入关键词后选择具体商品品类（如图13-3所示），否则前台曝光产品数量可能会显示不全。

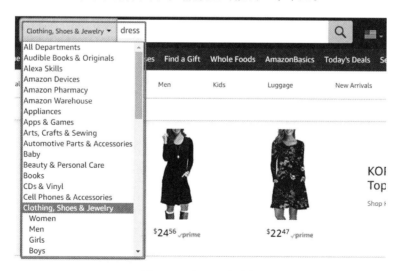

图13-3　商品品类选择

选择"All Departments"与选择"Clothing，Shoes & Jewelry"将会出现不同的曝光产品数量，如图13-4和图13-5所示。

图 13-4　曝光产品数量有 50 000 个，共 7 页

图 13-5　曝光产品数量有 50 000 个，共 400 页

（1）曝光商品数量

如上文所述，当用户在亚马逊搜索框输入具体关键词，并选择具体品类后，前台就会展现该关键词下的曝光商品，同时会展现曝光商品的数量和曝光页数，如图 13-6 和图 13-7 所示。

图 13-6　曝光商品数量（页面上方）　　　　图 13-7　曝光页数（页面下方）

曝光商品数量相关数据无论是在关键词优化还是市场分析中都可以作为参考，数据分析师可以根据该数值判断一个关键词下能够获取的商品数据体量。一般而言，越是一个品类的"宽泛词汇"（例如服饰行业中的"dress""blouse""T-shirt"等词），曝光商品数量就越多，通过这些曝光商品数据搭建的用户画像就越精准。

（2）商品标题数据

商品标题是每个曝光产品链接的基本信息，如图 13-8 所示。

获取一个关键词下所有曝光商品的商品标题，可以帮助数据分析师通过词频分析判断不同搜索排序高频标题词汇的变化，从而在新品上架、产品链接优化、广告优化等领域进行应用。

（3）商品图片数据

商品图片数据指的是每个曝光商品的主图图片，如图 13-9 所示。

（4）商品价格数据

商品价格数据指的是每个曝光商品的曝光价格，如图 13-10 所示。

（5）商品 review（评价）数据

商品 review 数据由两部分组成，第一部分是 review 评分，第二部分是 review 数量，分别如图 13-11 和图 13-12 所示。

图13-8　商品标题

图13-9　商品图片

图13-10　商品价格

图13-11　review评分

图13-12　review数量

（6）曝光页其他信息

在搜索曝光页还存在一些其他的曝光信息，例如商品促销信息（如图13-13所示）、品牌名称信息（如图13-14所示）、"prime"服务标志信息（如图13-15所示）等，这类信息在商品画像体系搭建时作用并不明显，数据分析师可以结合自身业务需求自行考虑是否获取这些数据。

图 13-13　商品促销信息

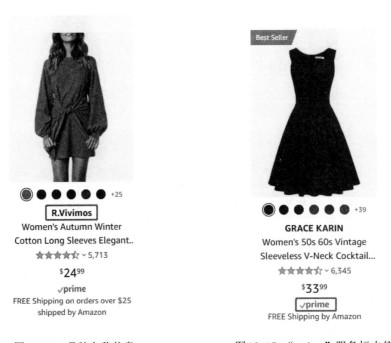

图 13-14　品牌名称信息　　　　　　　图 13-15　"prime"服务标志信息

2．商品详情页数据

"商品详情页"指的是消费者在亚马逊平台通过点击产品链接后看到的页面，如图 13-16 所示。

图13-16　商品详情页

（1）变体数量信息

商品的变体数量信息的记录对于后续商品画像的搭建极其重要，这是因为单个产品链接流量越大，卖家会更愿意通过增加链接中的变体数量来增加转化。因此，记录单个搜索关键词下不同搜索排序链接的变体数量，对于分析不同搜索排序的流量分布具有非常高的参考意义。在单个产品链接中，变体数量信息如图13-17所示。

（2）商品价格段位

在搜集曝光页价格信息时，数据分析师只能搜集到曝光价格，而在商品详情页中，数据分析师可以搜集到每个产品链接的商品价格段位，如图13-18所示。

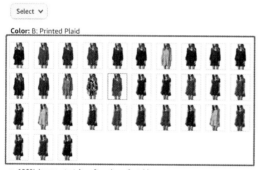

图13-17　变体数量信息

图13-18　商品价格段位

（3）商品排名信息

在商品详情页的"Product details"部分，亚马逊平台会记录每个商品对应的细分类目及其商品排名信息，一般而言排名信息会被分为大类排名和小类排名。如图13-19所示，"Clothing, Shoes & Jewelry"指的是大类排名，"Women's Shops"和"Women's Casual Dresses"指的是小类排名。商品排名信息是商品详情页数据中最重要的信息之一，它可以帮助数据分析师在数据化选品、数据化运营以及商品画像的搭建中提升运营效率。

图13-19　商品排名信息

（4）商品ASIN信息

商品详情页的ASIN信息可以用来定位具体商品，其数据来源有两种：一是"Product details"中的ASIN信息，二是产品链接中的网址信息，前者如图13-20所示，后者如图13-21所示。

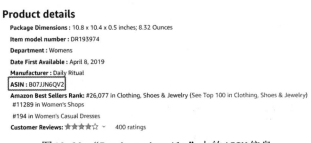

图13-20　"Product details"中的ASIN信息

图13-21　网址信息中的ASIN

（5）其他商品详情页信息

在商品详情页还存在一些其他的商品信息，例如五点描述信息（如图13-22所示）、A+图文内容信息（如图13-23所示）、Q&A信息（如图13-24所示）、review文本信息（如图13-25所示）等，这类信息在商品画像体系搭建时作用并不明显，数据分析师可以结合自身业务需求自行考虑是否获取这些数据。

- Material:Cotton blend
- Imported
- This Long Sleeve Short Dress With High Waist Design And Slim Silhouette To Perfectly Highlight Your Beautiful Figure.Make You Charming And Fashionable Everyday.
- Casual Cocktail Dresses For Women With Crew Neck And Basic Long Sleeve. - Wide Round Neck Design Can Show Part Of Your Collarbone, Adding More Charm.
- Unique long sleeves and wide belt design can hide the belly and arms, show your great slim fit and good temperament.Slim Fit Style Can Modify Well Your Figure,And Outline Your Beautiful Body Curve.
- Unique style create stunning curves, make you more beautiful, fashion, sexy and elegant.Made of comfortable cotton blend with stretch Elegant, classic style with belt in the belly area,easy to show your curve and make you elegant Whether wedding, dinner or meeting, the dress always offers a comfortable fit.
- Perfect Dress For Autumn Or Winter, You Can Wear It Alone Or Add A Touch Of Glamour By Pairing With Short Jackets,Long Coats, High Boots,Belt Or So On.

图13-22　五点描述信息

PRETTYGARDEN

图13-23　A+图文内容信息

Question: Does this dress show your bra straps?

Answer: Good question! I'm actually wearing my dress right now. Yes, it shows the straps, but I'm able to move the straps to my outer shoulders and still have support. That, or wear a bra the same color...
By Jen on November 7, 2018

⌄ See more answers (4)

Question: How do i order this dress with long sleeves? the description says long sleeves and when i put it in the cart it changes to short sleeves. frustrating!

Answer: Scroll through all the images. There are some short and some long
By Michelle Petzolt on November 30, 2020

Question: Is the black long sleeve belted pocket dress a flat knit material, like a sweater shirt dress?

Answer: Yes but it's a little thin unlike a sweeter dress . Super cute and the pockets are darling .
By Sj on November 17, 2019

Question: Is this dress long or short sleeve

Answer: I'm 5'3", bought a small and the length lands slightly above my knee. Very comfortable and flattering cotton dress. You can dress it up or down.
By Rose on October 12, 2019

See more answered questions (22)

图13-24　Q&A信息

 Ty Top Contributor: Pets

★★★★☆ **Great design, crap material**
Reviewed in the United States on August 2, 2020
Color: Wine Red ｜ Size: Large ｜ **Verified Purchase**
I'm 5'8, 38D chest, 175lbs. I bought a large.
This dress fits me great and I love the color. However the material is the big downfall. It feels (and sometimes looks) very cheap. I find that in a few spots the color appears somewhat faded, the the dress sometimes wrinkles where it shouldn't. I'll probably keep it because I do love how it fits overall. Hope the material holds up after several washes.

14 people found this helpful

Helpful ｜ Comment ｜ Report abuse

图13-25　review文本信息

13.2.2 第三方数据来源

虽然数据分析师可以直接通过亚马逊平台获取大量的商品信息，但是各个产品链接的历史动态数据需要依赖第三方工具才可以获得。所谓动态数据，数据分析师可以理解为"时间序列数据"（time series data），它指的是在不同时间上收集到的数据，这类数据反映了某一事物、现象等随时间的变化状态或程度。

在亚马逊平台，一个商品相关的数据会随着时间的推移而发生改变。举例而言，当一个商品的销量变高，其对应的排名数值就会变小，而更高的销量则会产生更多的review，那么在不同时间段数据分析师获取的商品排名数据与review数据就会产生差异。在本小节中，笔者将以"Helium 10"第三方工具中的商品排名跟踪功能为例进行讲解。

输入Helium 10网址信息后数据分析师可以看到如图13-26所示的网页界面。

图13-26　Helium 10第三方工具使用界面

在Helium 10上注册账号后（在新账号注册后的一段时间内数据分析师可以免费试用Helium 10的部分功能），就可以看到如图13-27所示的界面。

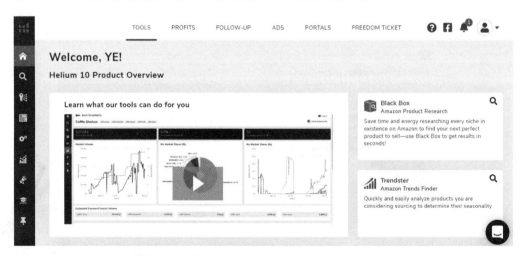

图13-27　账号注册登录后的Helium 10工具界面

点击左边的功能菜单，选择"Product Research"中的"Trendster"功能，如图13-28所示。

"Trendster"功能可以帮助数据分析师通过查找ASIN来获取该ASIN从上架后到查询日为止的所有排名数据与价格数据如图13-29所示。

如图13-30所示，在"Trendster"的操作界面中，标号1的部分是数据分析师用来输入想要查询的ASIN代码的，标号2的部分是让数据分析师来选择想要查询的站点的。在本案例中，笔者使用亚马逊美国站ASIN码为"B07FVTLX71"的商品为例进行讲解。

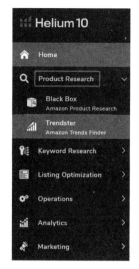

图13-28　"Trendster"功能

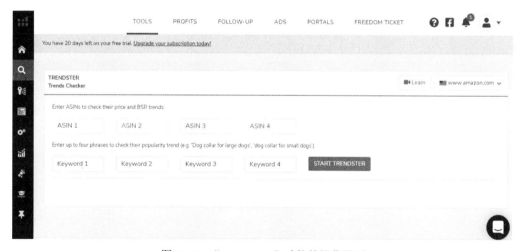

图13-29　"Trendster"功能的操作界面

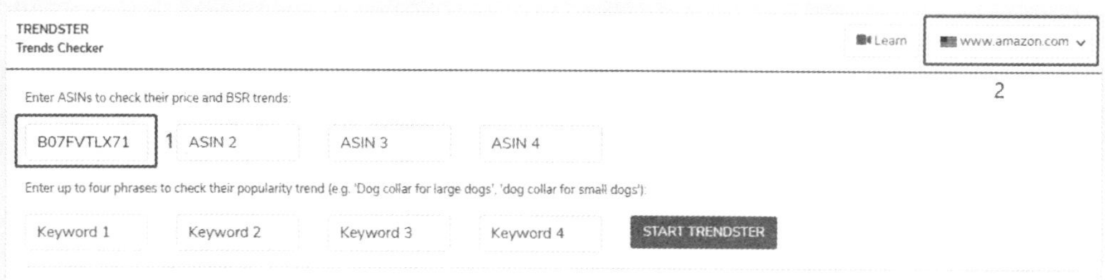

图13-30　输入ASIN（1）与选择站点（2）的操作区域

当在"Trendster"操作界面中输入"B07FVTLX71"并点击"START TRENDSTER"后，就可以获得关于"B07FVTLX71"商品的全部排名数据与价格数据，如图13-31所示。

PRETTYGARDEN Women's 2046 Casual Long Sleeve Party Bodycon Sheath Belted Dress with Pockets Black
B07FVTLX71
Rating: 2.202 / Product Reviews:

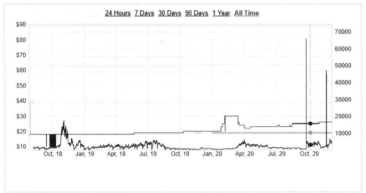

图13-31　排名数据与价格数据

在 Helium 10 "Trendster"显示的商品动态数据（时间序列数据）中，数据分析师可以自由查看该商品从上架后每日的排名数据与价格数据，如图13-32所示，"B07FVTLX71"商品在2019年7月24日的"Sales Rank"数据为3586，"New Price"数据为19.98，"List Price"数据为80。

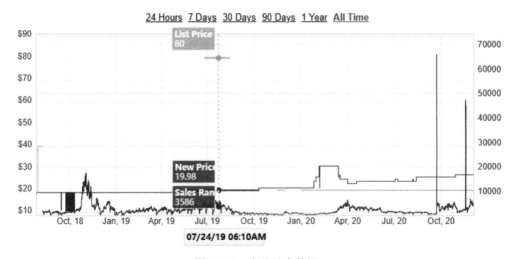

图13-32　商品动态数据

13.3 商品画像数据的抓取方法

13.3.1 人工采集

人工采集，顾名思义就是数据分析师自己通过基本的"复制粘贴"的方式去亚马逊平台上采集数据，其一般应用于亚马逊搜索曝光页数据和商品详情页数据。

人工采集的优点是无技术门槛，灵活方便，缺点是效率低下。

如果数据分析师想要提升单日的人工采集效率，那么有如下两条建议：

（1）明确数据采集的目的，从而通过减少数据采集的频次，最终提升采集效率。

例如，如果数据分析师想要了解一个搜索关键词下不同商品的销量分布规律，就可以通过人工采集搜索曝光页前500~1 000个商品的销售排名数据来进行估算，而无须采集其他维度的数据，也没有必要每天采集一次数据（因为一个品类/关键词下的销量分布并不会在短时间内发生变化），这样就可以提升数据采集的效率。

（2）在难以实现数据全面采集时，可以使用抽样采集的方法来提升采集效率。

例如，如果数据分析师想要分析某搜索关键词下前100页商品的review、排名、价格的分布规律，但是自身既没有能力与资金开发爬虫程序，也没有找到合适的工具或者第三方采集器，这时就可以使用抽样采集的方法。在该案例下，数据分析师可以将前100页的商品设定为100个组，设每页有48个商品，可以分别抽取每组的第8、16、24、32、40、48的商品，那么每个组就只需要采集6次，总共6×100=600次，考虑到每次采集涉及review、排名、价格三个维度，那么总共采集的数据量为600×3=1 800个。如果一个数据的采集时间为5秒，那么总采集时间约为2.5小时，1周内即可完成所有数据采集。

13.3.2 第三方爬虫工具采集

第三方爬虫工具采集，是指利用一些第三方的爬虫工具对亚马逊平台的数据进行抓取和采集。与人工采集相比，爬虫工具可以快速高效地对详细进行快速采集，从而节省大量时间和精力。其中入门级的软件也比较多，比如八爪鱼采集器、后羿采集器、爬山虎采集器等。

第三方爬虫工具采集的优点是技术门槛较低，效率较高，缺点是数据需要后期进行清洗，部分采集器在导出数据时需要收费。一般来说，爬虫工具抓取一级页面上单条数据的时间约为0.5秒，几乎不会出现数据错误的情况。此外，自动化爬虫程序的优势在于数据的持续抓取能力，即24小时不间断抓取。考虑到爬虫工具在采集数据时将会大量占用电脑内存，因此数据分析师可以在工作时间以外进行抓取，不必占用工作时间。

13.3.3 自有编程爬虫脚本采集

自有编程爬虫脚本采集，指的是通过爬虫程序自动抓取亚马逊平台的数据，属于技术性的数据采集方式。

自有编程爬虫脚本采集主要应用于量级大、重复性高的数据采集工作，比如竞争对手商品链接的数据监控、数据化选品等。

因为本书的内容定位以数据分析技术＋业务应用为主，所以爬虫技术并不是本书的内容重点。考虑到爬虫的具体执行逻辑和代码与数据分析师想要抓取的数据对象有非常强的联系，所以笔者在本小节展示了一段抓取亚马逊平台服装品类排名数据的代码作为参考。下面为一个Python语言简易爬虫程序的代码：

```
#-*-coding:gbk -*-
import urllib2
import lxml.html
import requests
import re
import time
import xlrd
xlsname=xlrd.open_workbook("C:\Users\ypf\Desktop\\01.xlsx")#excel文
件位置
table = xlsname.sheets()[0]#excel文件的第几个sheet
a = table.col_values(0)
def amazon_price(url, user_agent):
        kv = {'user-agent': user_agent}
        r = requests.get(url, headers = kv)
        text = r.text
        reg = '<span class="zg_hrsr_rank">#(.*?)</span>'#?转换为非贪婪
模式
        ranklist = re.findall(reg,text)
        if ranklist == []:
            return 0
        else:
            return int(ranklist[-1])
    if __name__=="__main__":
        url = "https://www.amazon.com/fbR8wawOKPHoYL9-Triangle-Bralette-
Unpadded-Underwear/dp/B07FFLRSKZ/ref=sr_1_352?s=apparel&ie=UTF8&qid=153
5462457&sr=1-352&nodeID=7147440011&psd=1&keywords=sex+lingerie"
        user_agent = 'Mozilla/5.0'
        for i in range(400):
            if a[i] != " " and  a[i][0] == "h":
```

```
print amazon_price(a[i], user_agent) # str(i+1)+':' ,
time.sleep(0.1)
```

注意，以上代码属于基本的爬虫代码演示，读者可以根据自身能力需求判断是否需要参考这些代码语言。

13.4　商品画像体系的应用

注意：本节所讲解的图表示例对应Excel文件“商品画像”，请读者根据自身学习需要自行下载查看。

本小节所讲解的图表示例对应“商品画像程序”中的代码及其执行结果，请读者根据自身学习需要自行下载查看。

13.4.1　数据维度说明

打开名为“商品画像”的Excel文件，可以看到如图13-33所示的界面。

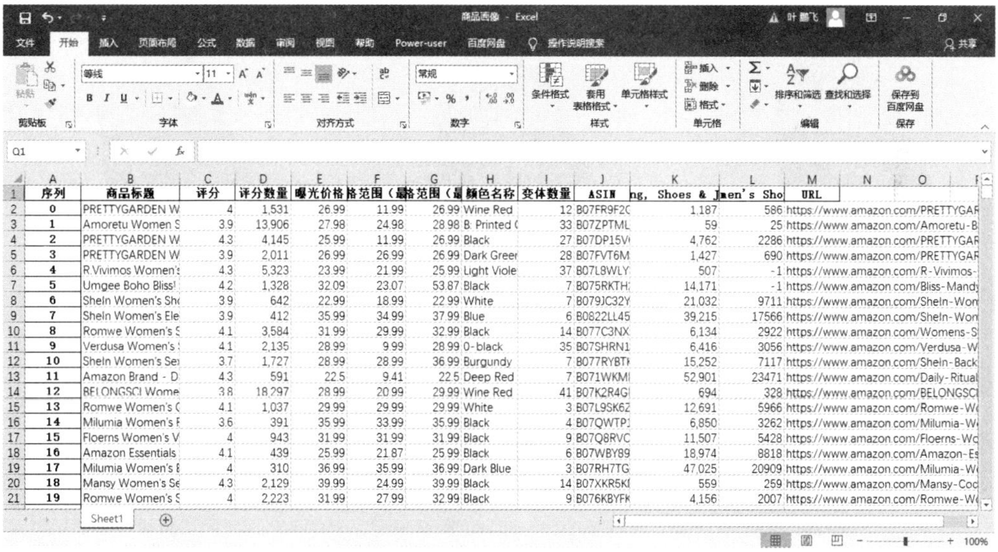

序列	商品标题	评分	评分数量	曝光价格	格范围（最	格范围（最	颜色名称	变体数量	ASIN	ng, Shoes & J	men's Sho	URL
0	PRETTYGARDEN W	4	1,531	26.99	11.99	26.99	Wine Red	12	B07FR9F2C	1,187	586	https://www.amazon.com/PRETTYGAR
1	Amoretu Women S	3.9	13,906	27.98	24.98	28.98	B: Printed (	33	B07ZPTML	59	25	https://www.amazon.com/Amoretu-B
2	PRETTYGARDEN W	4.3	4,145	25.99	11.99	26.99	Black	27	B07DP15V	4,762	2286	https://www.amazon.com/PRETTYGAR
3	PRETTYGARDEN W	3.9	2,011	26.99	26.99	26.99	Dark Greer	28	B07FVT6M	1,427	690	https://www.amazon.com/PRETTYGAR
4	R.Vivimos Women's	4.3	5,323	23.99	21.99	25.99	Light Viole	37	B07L8WLY	507	-1	https://www.amazon.com/R-Vivimos-
5	Umgee Boho Bliss!	4.2	1,328	32.09	23.07	53.87	Black	7	B075RKTH	14,171	-1	https://www.amazon.com/Bliss-Mandy
6	SheIn Women's Sh	3.9	642	22.99	18.99	22.99	White	7	B079JC32Y	21,032	9711	https://www.amazon.com/SheIn-Wom
7	SheIn Women's Ele	3.9	412	35.99	34.99	37.99	Blue	6	B0822LL45	39,215	17566	https://www.amazon.com/SheIn-Wom
8	Romwe Women's S	4.1	3,584	31.99	29.99	32.99	Black	14	B077C3NX	6,134	2922	https://www.amazon.com/Womens-S
9	Verdusa Women's	4.1	2,135	28.99	9.99	28.99	0-black	35	B07SHRN1	6,416	3056	https://www.amazon.com/Verdusa-W
10	SheIn Women's Se	3.7	1,727	28.99	28.99	36.99	Burgundy	7	B077RYBT	15,252	7117	https://www.amazon.com/SheIn-Back
11	Amazon Brand - D	4.3	591	22.5	9.41	22.5	Deep Red	7	B071WKM	52,901	23471	https://www.amazon.com/Daily-Ritual
12	BELONGSCI Wome	3.8	18,297	28.99	20.99	29.99	Wine Red	41	B07K2R4G	694	328	https://www.amazon.com/BELONGSCI
13	Romwe Women's (	4.1	1,037	29.99	29.99	29.99	White	3	B07L9SK6Z	12,691	5966	https://www.amazon.com/Romwe-W
14	Milumia Women's F	3.6	391	35.99	33.99	35.99	Black	4	B07QWTP1	6,850	3262	https://www.amazon.com/Milumia-W
15	Floerns Women's V	4	943	31.99	31.99	31.99	Black	9	B07Q8RVC	11,507	5428	https://www.amazon.com/Floerns-W
16	Amazon Essentials	4.1	439	25.99	21.87	25.99	Black	6	B07WBY89	18,974	8818	https://www.amazon.com/Amazon-Es
17	Milumia Women's E	4	310	36.99	35.99	36.99	Dark Blue	3	B07RH7TG	47,025	20909	https://www.amazon.com/Milumia-W
18	Mansy Women's Se	4.3	2,129	39.99	24.99	39.99	Black	14	B07XKR5K	559	259	https://www.amazon.com/Mansy-Coc
19	Romwe Women's S	4	2,223	31.99	27.99	32.99	Black	9	B076KBYFK	4,156	2007	https://www.amazon.com/Romwe-W

图13-33　“商品画像”的Excel界面

该数据表格一共有“序列”“商品标题”“评分”“评分数量”等13个维度总计19 152个ASIN的数据，这些ASIN为亚马逊平台美国站“Clothing，Shoes & Jewelry”品类“dress”搜索关键词“Sort by：Featured”为下排名前400页的商品，接下来将逐一介绍各个不同维度的含义。

（1）序列：指的是ASIN的搜索排名次序，因为该表格数据是笔者使用Python脚本抓取的，所以序列是从0开始的。每个ASIN在“Clothing，Shoes & Jewelry”品类

"dress"搜索关键词下的真实搜索排序为"序列+1",例如当序列等于0时,该序列号对应的ASIN搜索排序为0+1=1,当序列为100时,该序列号对应的ASIN搜索排序为100+1=101,依此类推。

（2）商品标题：指的是不同ASIN的listing标题,如图13-34所示。

（3）评分：指的是不同ASIN的review评分,如图13-35所示。

（4）评分数量：指的是不同ASIN的review评分数量,如图13-36所示。

（5）曝光价格：指的是不同ASIN在"Clothing, Shoes & Jewelry"品类"dress"搜索关键词下listing的曝光价格,如图13-37所示。

（6）商品价格范围（最低价）：指的是不同ASIN在商品详情页显示的最低价格,如果只有商品详情页只有一个价格,那么就是该价格本身,如图13-38所示。

图13-34　商品标题

图13-35　review评分

图13-36　review评分数量

图13-37　曝光价格

图13-38　商品价格范围（最低价）

（7）商品价格范围（最高价）：指的是不同ASIN在商品详情页显示的最高价格，如果只有商品详情页只有一个价格，那么就是该价格本身，如图13-39所示。

（8）颜色名称：指的是不同ASIN在曝光页产生曝光的产品变体对应的颜色名称，如图13-40所示。

图13-39　商品价格范围（最高价）

图13-40　颜色名称

（9）变体数量：指的是不同ASIN在商品详情页拥有的变体数量，如图13-41所示。

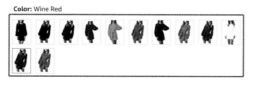

图13-41　变体数量

（10）ASIN：指的是不同商品的父ASIN码，如图13-42所示。

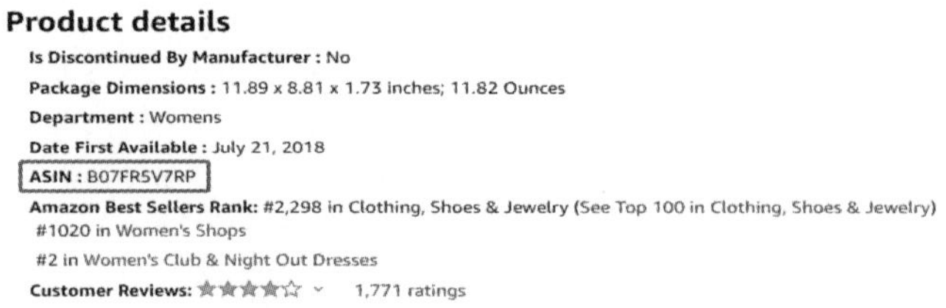

图13-42　ASIN

（11）Clothing, Shoes & Jewelry：指的是不同ASIN在"Clothing, Shoes & Jewelry"中显示的排名数据，如图13-43所示。

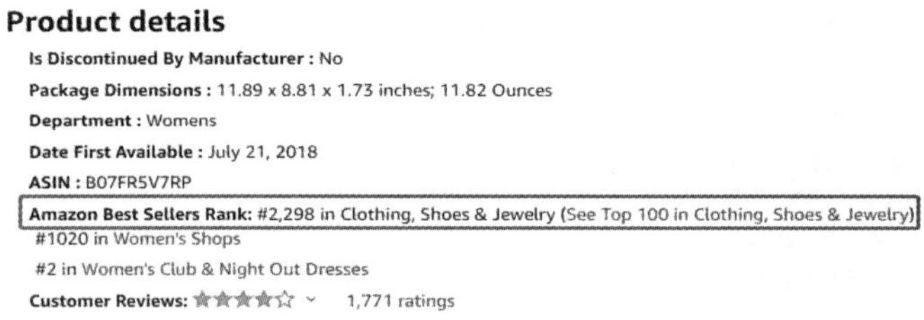

图13-43　Clothing, Shoes & Jewelry排名

（12）Women's Shops：指的是不同ASIN在"Women's Shops"中显示的排名数据，如图13-44所示。

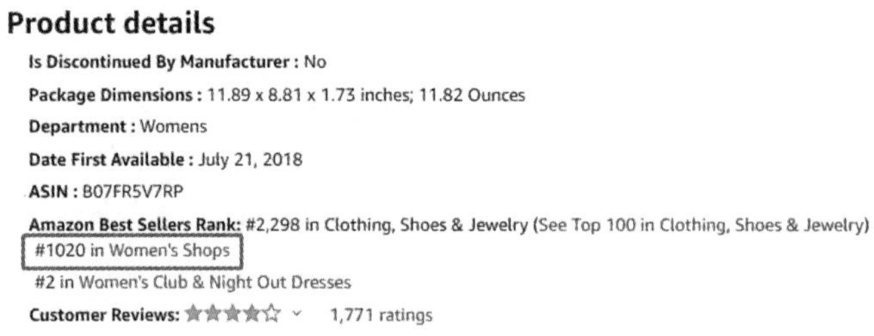

图13-44　Women's Shops排名

URL：指的是不同ASIN对应listing链接的网址。

13.4.2　数据清洗及有效数据筛选

在进行数据分析前，数据分析师需要对收集到的数据集进行数据清洗工作，否则数据分析的结果将会因为异常值的存在而产生误差。以"评分数量"为例，该维度数据存在"–1"的异常值，这类异常值是因为Python爬虫脚本在抓取数据时无法完成抓取导致的。因此，数据分析师可以将各个维度的异常值逐一进行删除。

需要注意的是，在对排名维度进行异常值处理时，只需要对“Clothing, Shoes & Jewelry”维度进行处理而不需要对“Women's Shops”维度进行处理，这是因为后者相比于前者属于小类排名，会存在部分商品属于大类而不属小类的情况。所以在进行前期的数据清洗时，只需要关注大类排名的数据即可。

当对“评分数量”“曝光价格”“商品价格范围（最低价）”“商品价格范围（最高价）”“Clothing, Shoes & Jewelry”这五个维度中的异常数据进行清洗后，可以获得最终数据，笔者将清洗后的数据保存在名为“清洗后的商品画像数据”Excel文件中，其界面如图13-45所示。

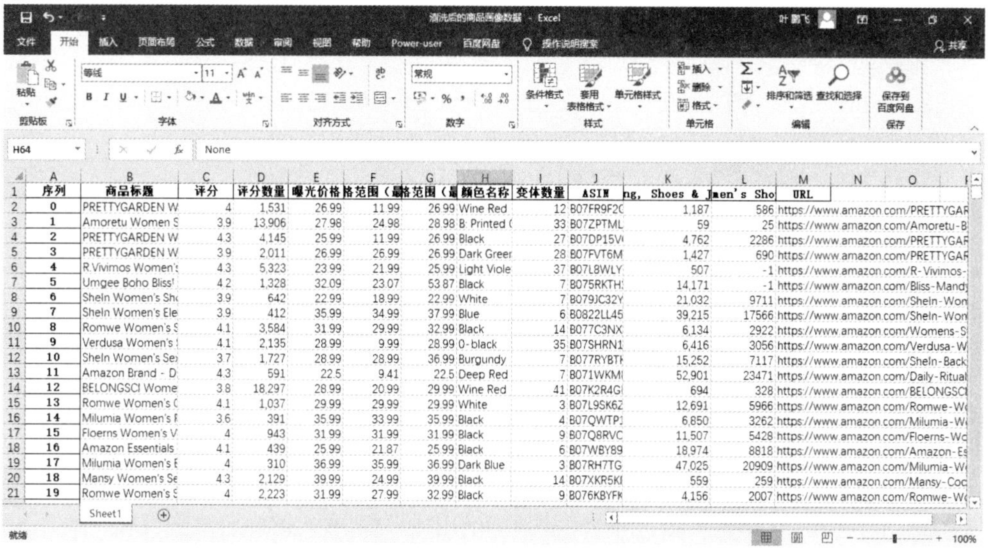

序列	商品标题	评分	评分数量	曝光价格	格范围（最	格范围（最	颜色名称	变体数量	ASIN	ng, Shoes & J	men's Sho	URL
0	PRETTYGARDEN W	4	1,531	26.99	11.99	26.99	Wine Red	12	B07FR9F2C	1,187	586	https://www.amazon.com/PRETTYGAR
1	Amoretu Women S	3.9	13,906	27.98	24.98	28.98	B: Printed (	33	B07ZPTML	59	25	https://www.amazon.com/Amoretu-B
2	PRETTYGARDEN W	4.3	4,145	25.99	11.99	26.99	Black	27	B07DP15V	4,762	2286	https://www.amazon.com/PRETTYGAR
3	PRETTYGARDEN W	3.9	2,011	26.99	26.99	26.99	Dark Greer	28	B07FVT6M	1,427	690	https://www.amazon.com/PRETTYGAR
4	R.Vivimos Women's	4.3	5,323	23.99	21.99	25.99	Light Viole	37	B07L8WLY	507	-1	https://www.amazon.com/R-Vivimos-
5	Umgee Boho Bliss!	4.2	1,328	32.09	23.07	53.87	Black	7	B075RKTH	14,171	-1	https://www.amazon.com/Bliss-Mandy
6	SheIn Women's Sh	3.9	642	22.99	18.99	22.99	White	7	B079JC32Y	21,032	9711	https://www.amazon.com/SheIn-Won
7	SheIn Women's Ele	3.9	412	35.99	34.99	37.99	Blue	6	B0822LL45	39,215	17566	https://www.amazon.com/SheIn-Won
8	Romwe Women's S	4.1	3,584	31.99	29.99	32.99	Black	14	B077C3NX	6,134	2922	https://www.amazon.com/Womens-S
9	Verdusa Women's	4.1	2,135	28.99	9.99	28.99	0-black	35	B07SHRN1	6,416	3056	https://www.amazon.com/Verdusa-W
10	SheIn Women's Se	3.7	1,727	28.99	28.99	36.99	Burgundy	7	B077RYBT	15,252	7117	https://www.amazon.com/SheIn-Back
11	Amazon Brand - D	4.3	591	22.5	9.41	22.5	Deep Red	7	B071WKM	52,901	23471	https://www.amazon.com/Daily-Ritual
12	BELONGSCI Wome	3.8	18,297	28.99	20.99	29.99	Wine Red	41	B07K2R4G	694	328	https://www.amazon.com/BELONGSCI
13	Romwe Women's C	4.1	1,037	29.99	29.99	29.99	White	3	B07L9SK6Z	12,691	5966	https://www.amazon.com/Romwe-W
14	Milumia Women's F	3.6	391	35.99	33.99	35.99	Black	4	B07QWTP1	6,850	3262	https://www.amazon.com/Milumia-W
15	Floerns Women's V	4	943	31.99	31.99	31.99	Black	9	B07Q8RVC	11,507	5428	https://www.amazon.com/Floerns-Wo
16	Amazon Essentials	4.1	439	25.99	21.87	25.99	Black	6	B07WBY89	18,974	8818	https://www.amazon.com/Amazon-Es
17	Milumia Women's E	4	310	36.99	35.99	36.99	Dark Blue	3	B07RH7TG	47,025	20909	https://www.amazon.com/Milumia-W
18	Mansy Women's Se	4.3	2,129	39.99	24.99	39.99	Black	14	B07XKR5KI	559	259	https://www.amazon.com/Mansy-Coc
19	Romwe Women's S	4	2,223	31.99	27.99	32.99	Black	9	B076KBYFK	4,156	2007	https://www.amazon.com/Romwe-W

图13-45　“清洗后的商品画像数据”的Excel界面

随意点击该数据表格中的一列，数据分析师可以发现该数据集包含18 660个ASIN的数据，相比于19 152的原始数据，一共有492个带有异常值的ASIN被删除了。当完成了一系列数据清洗的步骤后，数据分析师就可以开始进行数据分析了。

13.4.3　商品曝光价格分布分析

搭建商品画像的第一步，就是针对搜索结果中所有商品的价格分布规律进行分析，其中最主要的分析方式就是帕累托分析，商品曝光价格的Python帕累托分析图表如图13-46所示。

图中，在所有的“dress”关键词搜索曝光结果中，商品的最低曝光价格为4.99美元，其中低价曝光的商品，即4.99～14.79美元的商品，占所有商品的比例为3.28%，一共有583个listing；14.79～24.59美元的商品，占所有商品的比例为16.97%，一共有3018个listing；24.59～34.39美元的商品，占所有商品的比例为20.74%，一共有3 686个listing；34.39～44.19美元的商品，占所有商品的比例为13.03%。

综上所述，在"Clothing, Shoes & Jewelry"品类"dress"搜索关键词下，24.59～34.39美元的曝光区间是最普遍的，其次是14.79～24.59美元。因此，如果数据分析师想要在该品类下给运营方销售建议，则可以从这两个曝光价格区间倒推自身产品的生产价格和品牌定位。

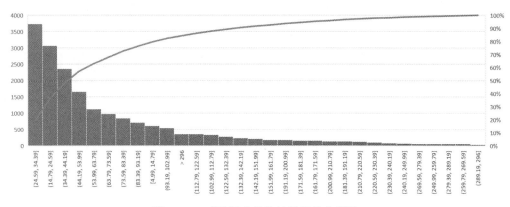

图13-46　商品曝光价格的帕累托分析图

13.4.4　商品曝光价格趋势分析

当完成对商品曝光价格的分布分析后，数据分析师可以针对不同关键词下曝光的所有商品数据对曝光价格趋势进行分析，其常用的指标为"曝光价格累计平均数"。

我们将以表13-1为例讲解"曝光价格累计平均数"的计算方法。

表13-1　示例表格数据

序　　列	曝 光 价 格
0	26.99
1	27.98
2	25.99
3	26.99
4	23.99

表中序列0的商品曝光价格为26.99，其"曝光价格累计平均数"为：26.99÷1=26.99；序列1的商品曝光价格为27.98，其"曝光价格累计平均数"为：（27.98+26.99）÷2=27.485；序列2的商品曝光价格为25.99，其"曝光价格累计平均数"为：（26.99+27.98+25.99）÷3=26.986 7；

序列 3 的商品曝光价格为 26.99，则它的"曝光价格累计平均数"为：（26.99+27.98+25.99+26.99）÷4=26.987 5；

序列 4 的商品曝光价格为 23.99，则它的"曝光价格累计平均数"为：（26.99+27.98+25.99+26.99+23.99）÷5=26.388。

依此类推，通过不同序列商品的曝光价格以及其之前序列商品的曝光价格，就可以计算出对应的"曝光价格累计平均数"。

完成上述操作后，数据分析师就可以得到如图13-47所示的折线图。

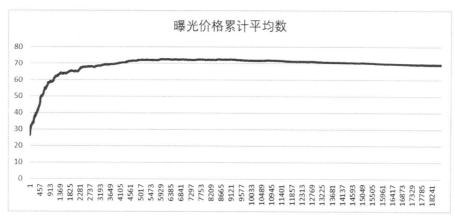

图13-47　曝光价格累计平均数折线图

折线图的横轴为从前到后排序的商品序号，纵轴为"曝光价格累计平均数"。从图中可以看到，当商品排序小于100时，"曝光价格累计平均数"小于30美元，这意味着高搜索排序商品（即在前几页曝光的商品）平均价格普遍较低。与此同时，当商品排序高于500时，"曝光价格累计平均数"开始高于40美元，并且该数值随着排序的增加而缓慢增加，这意味着随时商品价格的提升，商品的竞争性逐渐下降，从而导致商品搜索排序不佳。

13.4.5　商品评分及数量分布分析

1．商品review评分分布分析

在商品画像体系中，分析商品review的分布规律可以帮助数据分析师在新品上架和老款优化时可以提供准确的review数据参考，在本节中，笔者将以"清洗后的商品画像数据"中的review评分数据为例进行讲解，其中review评分分布图如图13-48所示。

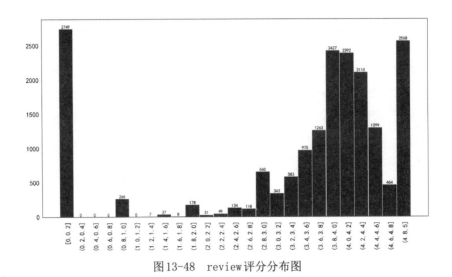

图13-48　review评分分布图

根据review评分分布图，数据分析师可以发现review评分有明显的集中性趋势，即0～0.2，3.8～4，4～4.2，4.2～4.4，4.8～5区间。因此，如果业务方刚刚上架新品，数据分析师则可以推荐业务方做适当测评、送评或者直评来提升销量。这是因为4.8～5区间review评分的数量相当高，有2 568个listing符合这个review评分区间，与此同时，4.6～4.8区间review评分的数量并不多，这意味着并不是大量的商品质量优秀从而具有4.8～5区间的review评分，而是有大量的业务方采取了测评、送评或者直评的运营行为（如果有大量商品质量优秀，则4.8～5区间的review评分数量与4.6～4.8区间的review评分数量应该相差不大）。

如果数据分析师想要帮助业务方优化老款listing，则可以使用3.8～4.4区间的review评分作为参考，而并不需要将review强行抬高至4.4以上，这是因为3.8～4.4区间review评分数量占据了高评分review的主流，而4.4以上的评分（4.4～4.6与4.6～4.8）数量则并不多。

除了对review评分分布进行分析，数据分析师还可以对review评分利用直方图做帕累托分析，其图表如图13-49所示。

根据review评分直方图，数据分析师可以明显发现与上文相似的结论：即在该类目下所有的搜索曝光结果中，review评分主要集中在0～0.2（新品无review评分）、4.8～5（做过测评、送评、直评的listing）、3.8～4.4（高质量商品的listing）。

2．商品review数量分布分析

完成上文中对review评分的分布分析后，数据分析师就可以开始针对review数量进行分布分析。在本节中，笔者将以"清洗后的商品画像数据"中的review评分数量数据为例进行讲解。

结合"评分数量"数据，可以得到如图13-50所示的review评分数量折线图。

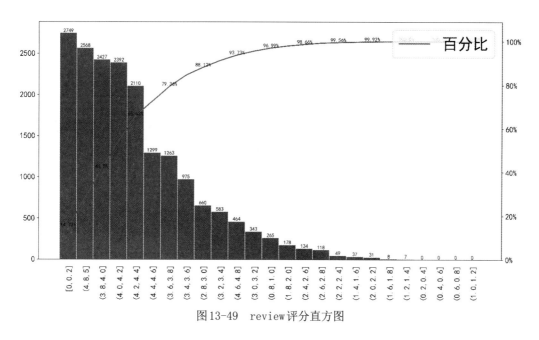

图13-49　review评分直方图

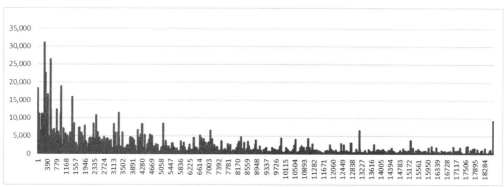

图13-50　"dress"搜索词下review评分数量折线图

数据分析师从评分数量折线图可以了解到review评分数量的波动变化趋势，从整体上看，高排序的商品（在搜索页前几页出现的产品）拥有的review数量整体较高（5000以上），而且review分布也从一定程度上体现了历史销量分布（因为同一类目下review来源于销量的一定比例，而类似商品的review转化比例差异不会很大）。

数据分析师会发现即使有部分商品链接拥有接近5000的review（排序4000附近、排序7000附近、排序10000+以上的部分），但是其曝光排序数值较高，这说明在dress关键词下，商品存在较短的生命周期，即商品与商品之间的竞争较为激烈，因为部分商品在拥有较高历史销量（较高review数量）的情况下曝光排序也不理想，这与大多数服饰行业从业者的经验是一致的。因此，使用商品review数量分布分析可以帮助数据分析师分析不同关键词下的商品总体生命周期。

除了判断生命周期外，review数量分布分析还可以帮助数据分析师判断不同类目消费者需求的不同。为了与"dress"关键词搜索结果形成对比，这里再以"compression springs"关键词进行搜索和review数量分布分析，"compression springs"在亚马逊前台的搜索界面如图13-51所示。

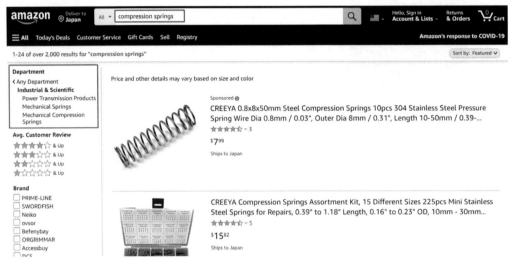

图13-51 "compression springs"关键词的搜索界面

将"compression springs"搜索结果下所有listing的review数量通过爬虫程序抓取下来后，存放在名为"compression springs Listing Catch"的Excel表格里（读者可以自行下载查看），对其中"评分数量"列数据进行可视化处理，就可以得到如图13-52所示的review数量分布图。

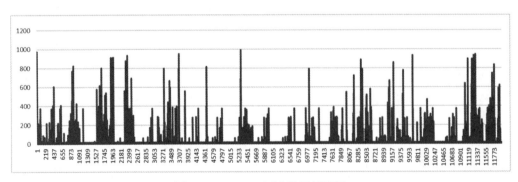

图13-52 review评分数量折线图

与"dress"搜索词下的review分布相比，"compression springs"搜索词下的review分布并不存在明显的"二八分布"现象，review数量分布而更像是"平均分布"，即不同搜索排序区间都存在高review数量的商品链接，也存在低review数量的商品链接。

造成这种分布差异的原因其实来自消费者需求的不同，对于"dress"相关商品，消费需求较大，且以"感性"需求为主，即大多数消费者会购买当下热销且自己觉得适合的商品；而对于"compression springs"相关商品，消费需求较少，以"理性"需求为主，即大多数消费者会根据自身对五金用品的需求仔细寻找匹配的商品，所以会更有耐心去翻页寻找感兴趣的商品，从而导致产生的review分布更倾向于平均分布（例如，消费者对于五金产品有着具体的尺寸和场景需求，这些需求并不会因为产品的外观设计或者价格而被轻易满足）。

13.4.6　商品评分趋势分析

在商品画像中，如果要对review评分趋势进行分析，可以使用"review评分累计平均数"这个指标。当对"商品画像"中的"评分"列数据进行累计平均数的计算后，可以通过折线图对其进行可视化处理，如图13-53所示。

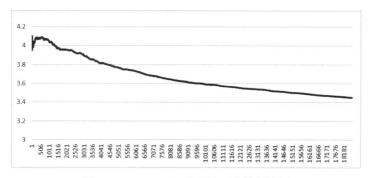

图13-53　review评分累计平均数折线图

通过观察图13-53的累计平均数折线图，数据分析师可以发现在"dress"关键词曝光结果下，如果搜索排序高于1000，review评分累计平均数就从4分左右一路下滑到3.4分附近，这说明大多数处于搜索排序1000后的商品并没有针对review评分进行优化。

数据分析师这时可以结合这个结论建议业务方对商品链接进行优化：

一方面，如果自身商品链接处于"dress"搜索排序1000名以后，可以通过直评/测评/送评等方式提升review评分，增强产品的竞争力；

另一方面，如果自身商品链接处于"dress"搜索排序下1000名以前，则可以再对前1000名或者前500名的review累计平均数变化进行分析，其可视化图表如图13-54所示。

从图13-54的review评分累计平均数波动可以发现很多头部商品链接的规律：

（1）头部商品链接并不是review评分表现都非常稳定，从搜索排序第一名的listing到搜索排序200名的商品链接之间review评分波动明显，这说明畅销榜中的商品质量仍然存在差异，数据分析师可以建议业务方针对较低review评分的商品通过供应链改进质量，从而增加自身商品产品反超销量的可能性；

（2）虽然头部商品链接的review评分表现有一定差异性，但是其总体review评分累计平均数维持在4分左右，所以如果数据分析师想要建议业务方冲刺头部搜索位置，必须要将自身商品链接的review评分提升到4分左右的位置。

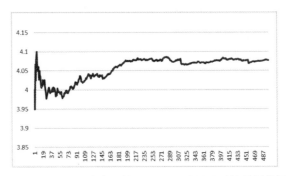

图13-54　前500个商品的review评分累计平均数折线图

13.4.7　商品排名分布趋势分析

下面笔者将结合"清洗后的商品画像数据"中的数据进行讲解。

在前面的章节中，笔者已经提及长尾分布在互联网领域非常常见，同时也引用了诸多文献来论证"采用了对数函数的销售数据与采用了对数函数的排名数据之间的关系接近线性"的事实。

因此，在进行商品排名分布趋势分析前，数据分析师可以先将排名数据取对数，再对数据进行可视化处理，其最终可视化图表如图13-55所示。

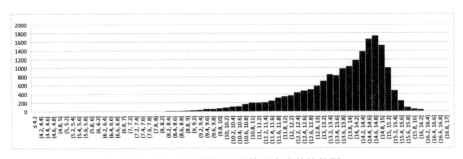

图13-55　排名数据取对数后生成的柱状图

柱状图的横轴为不同的"ln排名"数值区间，其中横轴最小区间为"≤4.2"，横轴最大区间为"（16.8，17]"。从柱状图的分布可以发现，符合(14.6,14.8]区间（对应排名数值为($e^{14.6}$, $e^{14.8}$]即(2 191 287, 2 676 445]）的"ln排名"数量最多，总计超过1 700个；符合(14.4,14.6]（对应排名数值为($e^{14.4}$, $e^{14.6}$]即(1 794 074, 2 191 287]）区间的"ln排名"数量第二多，超过1 600个，这类百万级排名的商品链接属于长时间没有销量的链接，这也符合一个类目的出单现状即多数商品链接并没有销量。

根据"ln排名"数值的柱状图，除了能判断低销量商品链接数量庞大以外，数据分析师还可以通过图表判断优秀商品链接的排名数值标准，从图中可以看到"ln排名"小于10的比例就已经非常稀少，其对应的排名数值为$e^{10}=22\ 026$，即在"dress"关键词搜索结果下，只要大类排名进入前22 026名的商品就已经属于前列商品，这个数值在数据化选品和商品链接销量判断时具有很高的参考性。

13.4.8　商品标题词频分析

在商品画像领域，除了可以对评论、价格、排名做分布分析外，还可以针对商品链接的标题进行词频分析。

词频分析是什么呢？词频分析是对文本数据中重要词汇出现的次数进行统计与分析，是文本挖掘的重要手段。它的基本原理是通过词出现频次多少的变化，来确定热点及其变化趋势。

Verdusa Women's Sexy Ruched Side Asymmetrical V Neck Bodycon Cami Dress

★★★★☆ · 2,935

$28⁹⁹

图13-56　商品标题示意图

在亚马逊电商平台，词频分析的对象可以是review文本、商品标题、listing五点描述、A+图文内容等文本内容，其中商品标题的词频分析在商品画像领域意义重大，商品标题如图13-56所示。

在"商品画像"文件中，商品标题列为不同搜索排序商品的标题文本，如图13-57所示。

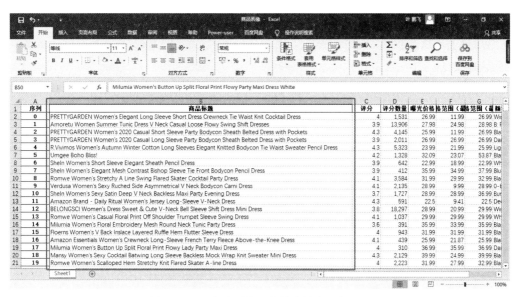

图13-57　"商品画像"文件中的商品标题列

为了方便读者进行自定义的词频分析，笔者已经将"商品画像"文件中 19 152 个商品链接抓取结果拆分成了 192 个单独的 Excel 表格保存在名为"Frequencies of Keywords"的文件夹中，如图 13-58 所示。

名称	修改日期	类型	大小
FrequenciesOfKeywords100	2020/11/28 9:49	Microsoft Excel ...	10 KB
FrequenciesOfKeywords200	2020/11/28 9:49	Microsoft Excel ...	12 KB
FrequenciesOfKeywords300	2020/11/28 9:49	Microsoft Excel ...	14 KB
FrequenciesOfKeywords400	2020/11/28 9:49	Microsoft Excel ...	16 KB
FrequenciesOfKeywords500	2020/11/28 9:49	Microsoft Excel ...	18 KB
FrequenciesOfKeywords600	2020/11/28 9:49	Microsoft Excel ...	19 KB
FrequenciesOfKeywords700	2020/11/28 9:49	Microsoft Excel ...	21 KB
FrequenciesOfKeywords800	2020/11/28 9:49	Microsoft Excel ...	22 KB
FrequenciesOfKeywords900	2020/11/28 9:49	Microsoft Excel ...	24 KB
FrequenciesOfKeywords1000	2020/11/28 9:49	Microsoft Excel ...	25 KB
FrequenciesOfKeywords1100	2020/11/28 9:49	Microsoft Excel ...	26 KB
FrequenciesOfKeywords1200	2020/11/28 9:49	Microsoft Excel ...	28 KB
FrequenciesOfKeywords1300	2020/11/28 9:49	Microsoft Excel ...	29 KB
FrequenciesOfKeywords1400	2020/11/28 9:49	Microsoft Excel ...	30 KB
FrequenciesOfKeywords1500	2020/11/28 9:49	Microsoft Excel ...	31 KB

图 13-58　"Frequencies of Keywords"文件夹中的词频分析数据表格

文件夹中不同表格文件记录了不同排序总数的词频分析结果，例如 "FrequenciesOfKeywords100"表示搜索排序前 100 个商品链接的标题词频分析结果；"FrequenciesOfKeywords200"表示搜索排序前 200 个商品链接的标题词频分析结果；"FrequenciesOfKeywords1000"表示搜索排序前 1 000 个商品链接的标题词频分析结果；"FrequenciesOfKeywords19152"表示搜索排序前 19 152 个商品（所有商品）链接的标题词频分析结果。

根据业务经验，不同搜索排序总数的商品标题词频分析结果一定各不相同，因此本小节以搜索排序前 100，以及搜索排序前 19 152（所有商品）的商品词频分析结果进行静态对比分析。

"FrequenciesOfKeywords100"的文件存储了搜索排序前 100 的商品词频分析结果，我们截取了 TOP 20 词汇，见表 13-2。

表 13-2　搜索排序前 100 的商品词频分析中 TOP 20 的词汇

序　　列	关　键　词	频　　率	比　　例
0	dress	100	8.61%
1	women's	80	6.89%
2	sleeve	42	3.62%
3	party	37	3.19%
4	maxi	27	2.33%
5	milumia	25	2.15%
6	v-neck	24	2.07%
7	long	20	1.72%

序　列	关　键　词	频　率	比　例
8	print	19	1.64%
9	floral	18	1.55%
10	short	17	1.46%
11	elegant	16	1.38%
12	button	16	1.38%
13	up	16	1.38%
14	split	16	1.38%
15	flowy	15	1.29%
16	romwe	15	1.29%
17	cocktail	13	1.12%
18	waist	12	1.03%
19	casual	12	1.03%
20	swing	12	1.03%

通过对上表中出现的词汇进行数据可视化，可以得到如图13-59所示的柱状图。

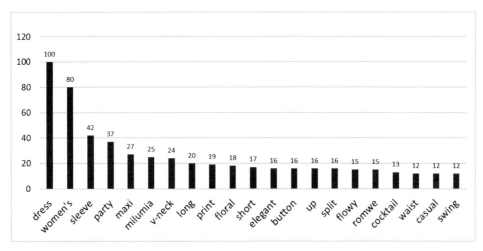

图13-59　TOP 20词汇的柱状图

从图表中可以发现"dress""women's"两个词汇出现频率最高，分别出现100次和80次，在此之后就是"sleeve""party""maxi"这三个搭配词，其中"sleeve"和"maxi"属于产品属性词，"party"则是场景词。

排序第六的词汇是"milumia"，这是一个卖家品牌词，其能在搜索排序100的商品标题中高频率出现，说明这个品牌已经在"dress"搜索关键词下占据了相当大的市场份额，其品牌店截图如图13-60所示。

排在"milumia"之后的则为一系列常见形容词与长尾词，例如"v-neck""long""print""floral""short""elegant""button"等，这类词汇的出现表明了搜索排序前100商品的主要卖点与特色。

图13-60　品牌名为"milumia"的女装品牌店铺主页截图

为了与搜索排序前100的商品标题词频分析结果产生对比，笔者选择搜索排序19 152的商品标题词频分析结果进行讲解，名为"FrequenciesOfKeywords19152"的文件保存着搜索排序前19 152的商品词频分析结果，笔者截取了TOP 20词汇，见表13-3。

表13-3　搜索排序前19 152的商品词频分析中TOP 20的词汇

序　列	关 键 词	频　率	比　例
0	dress	18 378	9.53%
1	women's	15 907	8.25%
2	sleeve	5 431	2.82%
3	long	3 731	1.93%
4	with	2 955	1.53%
5	sleeveles	2 396	1.24%
6	v-neck	2 168	1.12%
7	dresses	2 093	1.09%
8	short	2 080	1.08%
9	party	2 005	1.04%
10	maxi	1 914	0.99%
11	midi	1 901	0.99%
12	casual	1 796	0.93%
13	neck	1 740	0.90%
14	floral	1 735	0.90%
15	plus	1 692	0.88%
16	size	1 671	0.87%
17	lace	1 652	0.86%
18	mini	1 619	0.84%
19	bodycon	1 609	0.83%
20	shoulder	1 287	0.67%

通过对上图中出现的词汇进行数据可视化，可以得到如图13-61所示的柱状图。

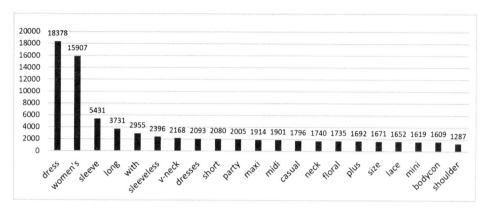

图13-61　TOP 20词汇的柱状图

与搜索排序前100的商品标题词频分析结果相比，排名前三的词汇并没有改变，说明 "dress" "women's" "sleeve" 这三个词汇是 "dress" 类目下的必要词汇。其次，"long" 词汇的排序由原来的第八位上升到了第四位，这可以有如下解释：

- 具有与 "long" 词汇相关卖点的产品为未来趋势（例如 "long sleeve" 组合），所以搜索排序前19 152中会有更多的新品标题使用了该词汇，最终导致 "long" 的排序上升；
- 部分新卖家因为对 "dress" 相关的标题编辑技巧还不娴熟，导致在对 "长裙" 这类产品进行描述时误用了 "long dress" 这里 "中式英语" 搭配，最终导致 "long" 的排序上升；

除了 "long" 的排序上升外，最引人注意的是 "with" 这个介词排序的变化。在搜索排序前100的商品标题词频分析中，"with" 一词甚至都没有出现在TOP20的词汇表里，但是在搜索排序前19 152的商品标题词频分析中，"with" 一词排第五名，出现次数2955次。"with" 这一介词排序的变化说明，高搜索排序商品的卖家并不倾向于使用这类介词作为标题文本，因此如果这时数据分析师发现自身品牌的商品标题中出现大量的 "with"，就需要考虑建议业务方对标题进行优化。

排在 "with" 后的 "sleeveless" 也是数据分析师需要关注的重点，这是因为 "sleeveless" 和 "with" 一样也没出现在搜索排序前100商品标题词频分析 TOP 20的词汇表里，这说明 "sleeveless" 必然是未来一段时间的市场产品需求（考虑到数据抓取的时间为年末，所以多数卖家在为下一年年初的换季做准备，而 "sleeveless" 则是春季裙子的卖点之一）。

剩下的一系列词汇，例如 "v-neck" "short" "party" "maxi" "midi" "casual" "floral" 等这类词汇的出现频率，在一定程度上代表了具有不同卖点的商品的比例。

如果要将不同搜索排序的词频分析结果在同一表格上进行对比，可以使用不同词汇出现的比例进行衡量，见表13-4。

表13-4　不同搜索排序的词频分析结果进行比例比较

序　列	关　键　词	100 比例	19152 比例
0	dress	8.61%	9.53%
1	women's	6.89%	8.25%
2	sleeve	3.62%	2.82%
3	party	3.19%	1.04%
4	maxi	2.33%	0.99%
5	milumia	2.15%	0.12%
6	v-neck	2.07%	1.12%
7	long	1.72%	1.93%
8	print	1.64%	0.55%
9	floral	1.55%	0.90%
10	short	1.46%	1.08%
11	elegant	1.38%	0.23%
12	button	1.38%	0.23%
13	up	1.38%	0.14%
14	split	1.38%	0.19%
15	flowy	1.29%	0.14%
16	romwe	1.29%	0.08%
17	cocktail	1.12%	0.62%
18	waist	1.03%	0.34%
19	casual	1.03%	0.93%
20	swing	1.03%	0.46%

通过对上图中出现的词汇进行数据可视化，可以得到如图13-62所示的对照柱状图。

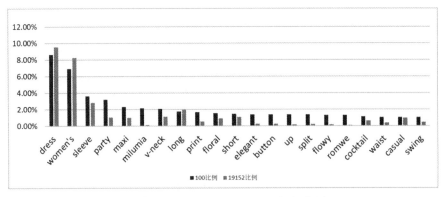

图13-62　TOP 20词汇的出现比例柱状图

　　虽然"dress"与"women's"两词是"dress"类目下的必要词汇，但是搜索排序19 152的词频分析中，两个词汇出现的比例也要高于搜索排序100的词频分析结果，这说明很多长尾卖家在进行标题编辑时过多使用了"dress"与"women's"，即在标题编辑的运营功底上仍然没法像头部卖家一样熟练。

关于其他词汇的比较分析，仅仅只依赖两次静态词频分析的结果是不够的，因此需要对多个搜索排序的词频分析结果进行对照才可以获得结论。为此，笔者使用Python制作了正序和倒序两个动态词频分析排列图视频给大家作为参考，视频名称分别为"正序动态排序图"与"倒序动态排列图"，如图13-63与图13-64所示。

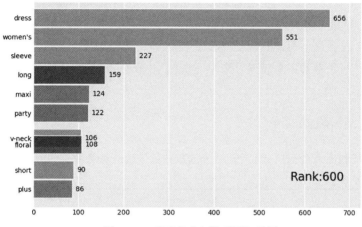

图13-63　"正序动态排列图"截图

"正序动态排列图"展现了搜索排序从小到大（从100到19 152）时，不同标题单词出现频率的变化。一般而言，在TOP 20词汇中新出现的词汇/排序快速上升的词汇有如下两种含义：

（1）中长尾卖家倾向于使用这类词汇；

（2）新上架的商品普遍具有该词汇代表的卖点。因此，数据分析师可以根据"正序动态排列图"视频来判断中长尾卖家与头部卖家运营习惯上的不同，同时可以根据不同卖点词汇的排序变化判断类目市场未来变化趋势。

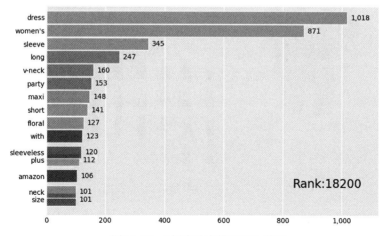

图13-64　"倒序动态排列图"截图

"倒序动态排列图"展现了搜索排序从大到小（从19 152到100）时，不同标题单词出现频率的变化。"倒序动态排列图"中词汇的变化趋势代表了热卖商品标题文本的分布规律，如果数据分析师想要学习头部卖家编辑listing标题的技巧，可以通过观察不同词汇随搜索排序的变化优化自身的商品标题。

除了以上词频分析的方法以外，数据分析师还可以产生使用"词云图"进行静态分析。"词云"就是通过形成"关键词云层"或"关键词渲染"，对网络文本中出现频率较高的"关键词"在视觉上的突出。

注意： 本节所讲解的图表示例对应文件夹"Python词云图"，请读者根据自身学习需要自行下载查看。

13.4.9　商品评价词频分析

注意： 本节相关文件保存于名为"TopReviews"的文件夹中，请读者根据自身学习需要自行下载查看。

在理解了商品标题的词频分析技术与应用后，数据分析师可以将该技术同样应用于商品review文本的分析中。在本小节中，笔者将以一个高review数量的服饰产品listing为例进行讲解，其产品ASIN为B07G599PB7，listing标题为"Amoretu Women Summer Tunic Dress V Neck Casual Loose Flowy Swing Shift Dresses"，其listing如图13-65所示。

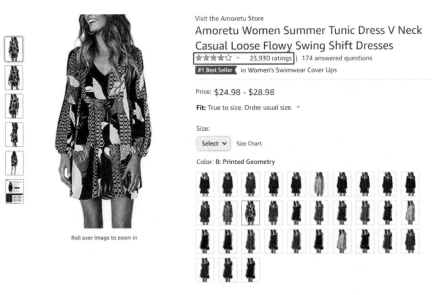

图13-65　高review数量listing截图

如图13-65所示，截至2021年2月8日，该listing链接具有23 930个review，其review评分为4颗星。在使用Python爬虫脚本抓取了所有的review文本后，删除

"a""the""I""to""do""is""was"等非形容词，然后将不同形容词的出现频率保存在Excel表格中。笔者已经将这些数据保存在名为"FrequenciesOfKeywordsReviews"的Excel文件中，其文件数据如图13-66所示。

NumOfWord	small	short	large	little	chest	cute	tight	good
25401	961	933	859	786	617	571	562	514
49592	1849	1725	1824	1575	1190	1211	1067	990
73783	2723	2510	2736	2398	1708	1875	1601	1452
97974	3610	3314	3605	3257	2210	2581	2126	1909
122165	4499	4125	4463	4135	2685	3314	2656	2367
146356	5411	4929	5330	5023	3145	4031	3175	2817
170547	6338	5722	6187	5902	3621	4743	3694	3248
194738	7296	6494	7056	6787	4106	5474	4226	3689
218929	8248	7294	7933	7675	4579	6253	4750	4103
240700	9109	7991	8726	8472	5016	6959	5236	4480
264891	10060	8776	9599	9384	5480	7766	5774	4889

图13-66 "FrequenciesOfKeywordsReviews"Excel文件中的数据截图

如图13-66所示，"NumOfWord"表示单词的总数，第二列开始表示不同的形容词及其出现的频率，随着单词总数的增加，不同形容词的出现频率也会产生相应的变化。

通过Python可视化技术对上述的数据文件进行了分析，可以得到如图13-67所示的review文本词频分析正序动态排列图（读者可参考文件夹中名为"review文本词频分析正序动态排列图"的视频文件）。

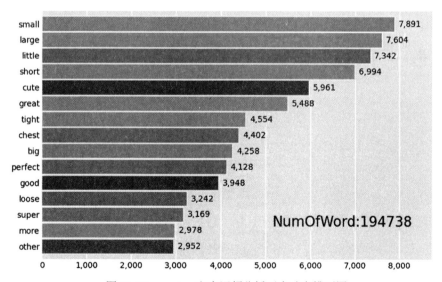

图13-67 review文本词频分析正序动态排列图

正序动态排列图展现了review文本由少到多时，不同形容词出现的频率变化，随着review单词的增多，频率上升的形容词为最新review文本（即最近时间段内由用户生成的review）中经常出现的词汇，代表了最近消费者对该产品的主观描述。

还针对review文本中出现的词汇数据生成倒序动态排列图，如图13-68所示（读者可参考文件夹中名为"review文本词频分析倒序动态排列图"的视频文件）。

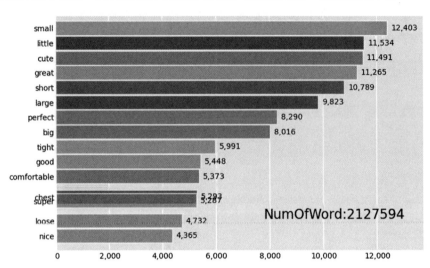

图13-68　review文本词频分析倒序动态排列图

倒序动态排列图展现了review文本由多到少时，不同形容词出现的频率变化，随着review单词的减少，频率上升的形容词为最热门review（即排在前列的review，也是点赞数量最多的review）文本中经常出现的词汇，代表了最受消费者认可的产品卖点，以及与使用体验相关的主观描述。

除此之外，还对所有的review文本进行了静态的词云图分析，如图13-69所示。

图13-69　review文本词频分析词云图

　　通过词云图，数据分析师可以发现消费者对该产品的最大主观感受词为
"cute""little""small""short"等单词，如果数据分析师发现自己品牌的产品与该商品
链接的产品相似，那么就可以选择将review词频分析中高频率出现的词汇，添加到自身
商品链接关键词与五点描述中，从而增加搜索曝光的概率和关键词匹配度。